天災を減災に変えるために

家族を守りぬく
東海地震講座

編著
◉静岡大学名誉教授　土　隆一　Tsuchi Ryuichi
◉静岡県掛川市長　榛村純一　Shinmura Junichi

清文社

■はじめに──人材養成講座2年、3年目の成果

　1976（昭和51）年8月に石橋克彦先生（現神戸大学教授）の東海地震説が発表され29年が経過しました。この間、掛川市は、国・県の指導のもと、「東海地震 いつ来る なぜ来る どう備える」を市政の最重要課題に位置づけ一貫して取り組んできました。
　一方、国の内外では様々な地震災害が発生し、その中でも1995（平成7）年1月17日の阪神・淡路大震災は6,433人の尊い命を奪う大災害であり、私たちに多くの教訓を残しました。
　また、昨年の2004（平成16）年10月23日の新潟県中越地震では、40人の尊い命が奪われ、その後も続く余震活動で多くの被災者が長い避難所生活を余儀なくされました。さらに同年12月のスマトラ沖地震の空前の津波は十数万人の命を奪いました。
　本書は迫り来る巨大震災、東海地震への備えを一層強化しようとして開催した「地震防災リーダー人材養成講座」3年15回の2年目、3年目の講演内容をまとめたもので、内容は地震学、津波、原子力、災害医療、災害時における精神ケアなどさまざまな分野に及んでいます。できるだけ多くの方々にお読みいただきたいと思います。
　地震や原子力、災害医療など学問的な話は難しいので、前回（土隆一・榛村純一編著『東海地震 いつ来る なぜ来る どう備える』清文社、2002年）に続き今回も講師の先生のご講演の後には必ず私と講師、土先生との対談、鼎談のやりとりを加え、素人談義的に課題に切り込みましたので、この部分がQ＆A的になっていて読みやすいと思います。
　この3年にわたる「地震防災リーダー人材養成講座」を進めるにあたっ

て、静岡大学名誉教授の土隆一氏に適切なアドバイスをいただいたことに心より感謝申し上げます。

　また、清文社の徳光文弘編集部長には、やっかいな編集をお願いしたにもかかわらず、立派に本書をまとめてくれたことに深く感謝申し上げます。

　願わくば、この本が広く流布し、東海地震がいつ来ても大丈夫なまちに、そして地震にすぐ行動できる人が大勢いるまちになることを期待しています。

2005（平成17）年3月

静岡県掛川市長　榛村　純一

目次 ◎ CONTENTS

はじめに

第1章 東海地震の第3次被害想定とその対策
小澤邦雄（静岡県防災局技監兼防災情報室長）

1

第2章 ◎鼎談 「減災」による実現可能な耐震対策を
小澤邦雄（静岡県防災局技監兼防災情報室長）
土　隆一（静岡大学名誉教授）
[司会] 榛村純一（静岡県掛川市長）

33

第3章 東海地震と木造住宅
坂本　功（東京大学大学院工学系研究科建築学専攻教授）

38

第4章 ◎鼎談 地震に強い住まいを目指すには
坂本　功（東京大学大学院工学系研究科建築学専攻教授）
土　隆一（静岡大学名誉教授）
[司会] 榛村純一（静岡県掛川市長）

61

第5章 東海地震と津波被害
首藤伸夫（岩手県立大学総合政策学部総合政策学科教授）

75

第6章 ◎対談 津波多発国は津波対策先進国
首藤伸夫（岩手県立大学総合政策学部総合政策学科教授）
榛村純一（静岡県掛川市長）

103

第7章 地震の際の応急手当とその心得
池谷直樹（静岡大学保健管理センター教授・静岡県立大学客員教授）

117

第8章 ◎対談 より多くの命を救うための災害時医療
池谷直樹（静岡大学保健管理センター教授・静岡県立大学客員教授）
榛村純一（静岡県掛川市長）
150

第9章 災害時のパニックとその対処
石川憲彦（元静岡大学保健管理センター所長・元静岡大学教授・林試の森クリニック院長（児童精神科医））
162

第10章 ◎鼎談 心の傷をケアしあえる社会づくり
石川憲彦（元静岡大学保健管理センター所長・元静岡大学教授・林試の森クリニック院長（児童精神科医））
土　隆一（静岡大学名誉教授）
[司会] 榛村純一（静岡県掛川市長）
196

第11章 掛川市とその周辺に予想される東海地震災害
土　隆一（静岡大学名誉教授）
204

第12章 ◎対談 地層で決まる地震災害
土　隆一（静岡大学名誉教授）
榛村純一（静岡県掛川市長）
238

第13章 東海地震と私たちの暮らし
[講演] 石橋克彦（神戸大学都市安全研究センター教授）
[文責] 静岡県掛川市
250

第14章 ◎鼎談 知ることこそ震災克服の第一歩
石橋克彦（神戸大学都市安全研究センター教授）
土　隆一（静岡大学名誉教授）
[司会] 榛村純一（静岡県掛川市長）
273

むすび

第1章
東海地震の第3次被害想定とその対策

地域と住まいを自分の力で守るために

静岡県防災局技監兼防災情報室長
小澤邦雄

　東海地震の危険性が本格的に意識されだしたのは、1976（昭和51）年8月の地震予知連絡会においてで、そのとき、東京大学で助手をしておられた石橋克彦先生（現神戸大学教授）が"東海地方ではいつ巨大地震が起きてもおかしくない"という「駿河湾巨大地震説」を発表されたのが最初でした。

　当時、静岡県の防災関係者は地震予知連絡会の動きにかなり注目していました。なぜなら、ちょうどそのころは静岡県の伊豆で大きな地震災害が繰り返し起きていた時期だったからです。

　この群発地震について「専門家はどんな見解を出すのだろうか」と、多くの関係者が地震予知連絡会の動きに注目していました。そこで出てきたのが「駿河湾巨大地震説」、つまり東海地震説だったのです。

■ 東海地震の新しい想定

　以来、28年（注：本講演は2004（平成16）年に行われた）が経過しました。「いつ来てもおかしくない」といわれながら、東海地震はまだ起きてい

ません。ですが、その間にほかの地域ではさまざまな大地震が起きました。1995（平成7）年の兵庫県南部地震はもちろんのこと、その2年前（1993（平成5）年）には北海道南西沖地震が、2000（平成12）年には鳥取県西部地震が起きるなど、地震災害は、静岡県を中心とした東海地方をワザとすり抜けるかのように発生しています。

　では、東海地震はもう起きないのでしょうか。国は東海地震対策の見直しを2001（平成13）年から精力的に行い、その結果として「やはり東海地震はいつ起きても不思議はない」との再確認をしました。

　ただし、1976（昭和51）年当時に考えていた東海地震のイメージを、その間の学術的な研究成果により見直そうとしたことから、東海地震対策が基本的に検討し直されました。

1. 震度6弱地域の拡大

　東海地震対策が基本的に検討し直されるとはどういうことでしょうか。

　図表1は、2001（平成13）年に公表された、新しい東海地震の姿として国が示したものです。このもととなっているのが、図表2（4頁）にある新しい想定震源域です。従来、東海地震の想定震源域は図表2にある箱形のような震源域が考えられていました。

　ところが、新しい想定震源域はご覧のとおりナスビ型で、しかも西へ広がったものとなりました。図表2にある新しい震源域で地震が発生するとどのような揺れになるのか？　これを示したものが、さきほどの図表1という関係になります。

　地震の震度階（いわゆる「震度」）は、以前は無感の地震を「震度0」、最強の揺れを「震度7」として8段階に分けていました。現在では、そのうち「震度5」と「震度6」をさらに強弱で区分――つまり「震度5弱」とか「震度6強」と表現――して、合計で10段階の区分になっています。

　図表1では、以前の震度階でいう「6」、すなわち現在の「震度6弱」

図表1　西へ広がる東海地震想定

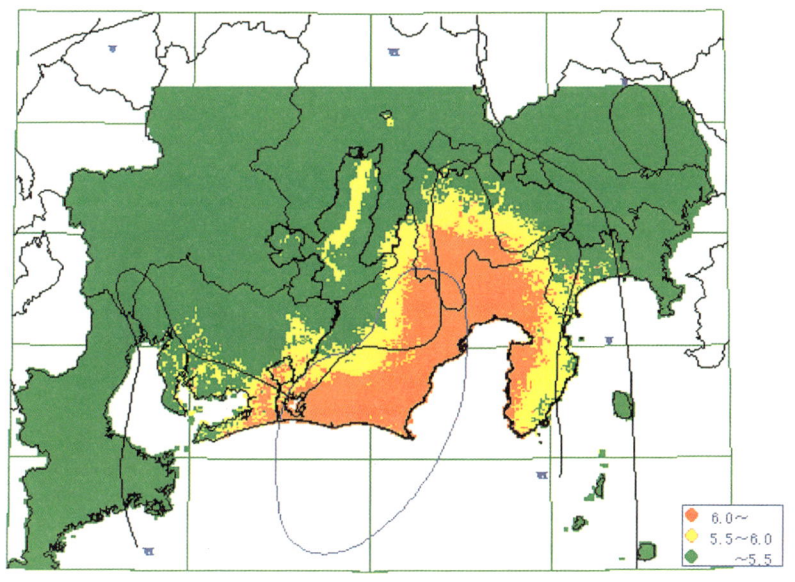

出所　中央防災会議資料

と「震度6強」以上のものについて、予想される震度ごとに地域が示されています。

その結果、震度6弱の地域には「愛知県東部一帯」「名古屋市の一部」「山梨県北部」「長野県中部」「神奈川県茅ヶ崎」が新たに追加されました。震源域が西へ広がったため、そこから発生する地震も西へ広がったのです。

現在、これらの地域では、静岡県も含めて東海地震対策としてさまざまな制度や法的な枠組み、さらに国の地震対策事業のための財政的な支援制度などが展開されています。その大本になるのは「大規模地震対策特別措置法」という法律で、これにもとづいて、東海地震によって甚大な被害が見込まれるところを「地震防災対策強化地域」として指定し、対策の強化を進めようという仕組みになっています。

図表2　新しい想定震源域（出所：中央防災会議資料）

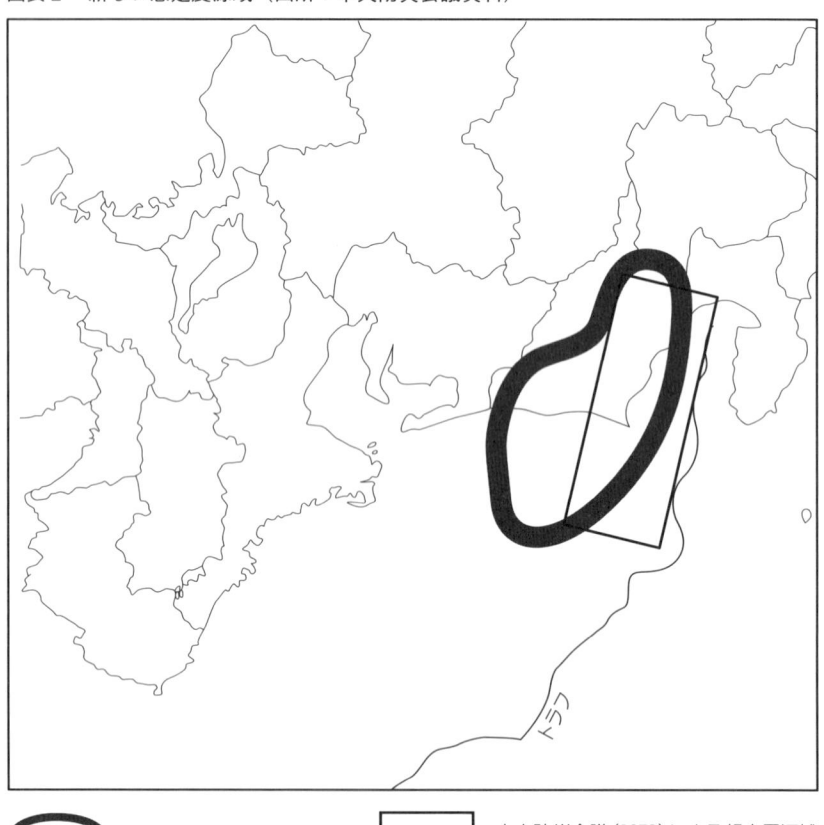

　もちろん、静岡県は以前から全域がその地域として指定されていることは言うまでもありません。

2. 新たな地震防災対策強化地域

　たとえば、東海地震のような海溝型の地震の場合、地震が起きると必ず津波が起きます。3m以上の津波を、気象庁では「大津波」と呼んで区分しています。**図表3**は、海岸における津波の高さの分布を表していますが、津波が3m以上になる地域には、紀伊半島の東側や伊豆諸

図表3　海岸における津波高さの分布（各検討ケースの最大値）

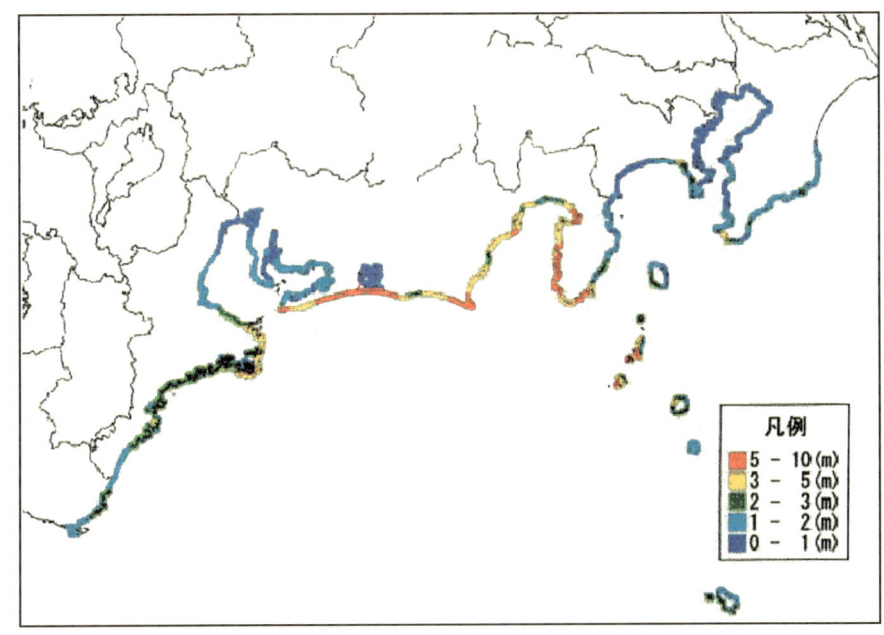

出所　中央防災会議資料

島沿岸も含まれています。従来、大津波の危険があるのは、下田から浜名湖の西、静岡県の沿岸域にかけてと想定されていたのですが、新たな見直しでは、大津波の範囲も広がっています。

　国は2002（平成14）年4月に、震度6弱以上もしくは大津波が地震発生後20分以内に襲来する地域を地震防災対策強化地域（対策強化地域）として、新たに指定しました。以前、愛知県では新城市だけが対策強化地域としての指定を受けていたのですが、今回の見直しでは名古屋市までその指定を受けました。

　三重県の志摩半島には、2m以上の津波に襲われても大丈夫な防潮堤がないところや、大津波が地震発生後の20分よりも遅れて来るところがあります。そのような場所は、当初の国の指定からは外れていたので

すが、あまり津波対策が進んでいない関係から「(津波が襲ってくる)時間が10分や20分ずれても被害があることに変わりはない」ということで、そのような場所もあわせて指定を受けています。

また名古屋の東側は、木曽川・長良川・揖斐川の大きな３つの河川が伊勢湾へ注ぐデルタ地帯で、かなりの液状化被害が予想されることから、名古屋市と一体となって防災対策を進める関係上、対策強化地域としての指定を受けています。

さらに、周囲がすべて対策強化地域として指定された場合、津波や液状化の危険がなくても「周囲と一体となって防災対策を進めるべき」という理由から、そういったところも対策強化地域として指定を受けることになりました。

■広域災害であることの問題点

以上のことから、静岡県にとって対策強化地域が拡大されて問題となるのは、隣県である愛知県から静岡県への救援が困難になった、ということです。

昔風にいえば遠州、今でいう静岡県浜松市を中心とした地域は、自動車産業を介してお隣である愛知県と密接な関係を持っています。

東海地震が発生した場合、一般住民だけではなく、企業や団体なども被災します。救援を待つ際、あるいは復旧を図る際にも、愛知県からの支援があることを漠然とながらも想定していた面があったと思いますが、その肝心の愛知県までもが被災することが明らかとなり、もはや隣県からの救援を頼みにすることはできなくなりました。災害が広く及ぶということは、実はこうした意味があります。

2001（平成13）年の東海地震対策に関する国の見直しによって、対策強化地域の面積は以前の約1.5倍に拡大しました。それでは、警察・消防・自衛隊などの備えも1.5倍になったかというと、現実にはそうなっ

ていません。したがって見方を変えれば、従前どおりの限られた資源を拡大した地域で分けあうのですから、静岡県だけに限って見れば、そこに注ぎ込まれる力は弱くなるということになります。そういう意味でも、静岡県自体の防災に対する力を蓄えることは、緊急の課題といえます。

東海地震説から約28年が経過し、危機感がやや薄くなりがちでしたが、国の見直し想定によって、やはり東海地震は切迫しているということが再確認されました。そればかりではなく、従来から考えられていた地域よりもさらに広範な被害が見込まれることから、今まで以上に積極的な対策を進めなければという、新たな課題がここに生まれたのです。

■ 静岡県の地震被害想定

それでは、実際に東海地震が起きたとしたら静岡県はどうなるのでしょうか？

静岡県では、すでに1978（昭和53）年と1993（平成5）年にそれぞれ第1次・第2次地震被害想定を公表していますが、新たに第3次地震被害想定（第3次被害想定）を2001（平成13）年5月に公表しました。ここではその第3次被害想定をもとに話を進めていきたいと思います。

図表4は、第3次被害想定の際に一緒に公表された静岡県の震度分布図です。県下全域が震度6弱以上であるうえに、軟弱地盤を中心として震度7が分布しています。

軟弱地盤の地域は、狩野川下流域や浮島沼周辺、清水から静岡にまたがる巴川流域と、日本平を囲む大谷川流域ですが、すべて「震度7」と想定されています。また、榛原・相良砂丘の後背地や、焼津・藤枝の瀬戸川下流域、菊川の下流域、袋井を中心とした太田川流域の軟弱地盤もすべて「震度7」の領域です。掛川にも太田川の支流があるので、一部に軟弱地盤が分布しており「震度7」と見られています。浜名湖の沿岸も「震度7」と想定されています。

図表4　第3次被害想定による静岡県震度分布図

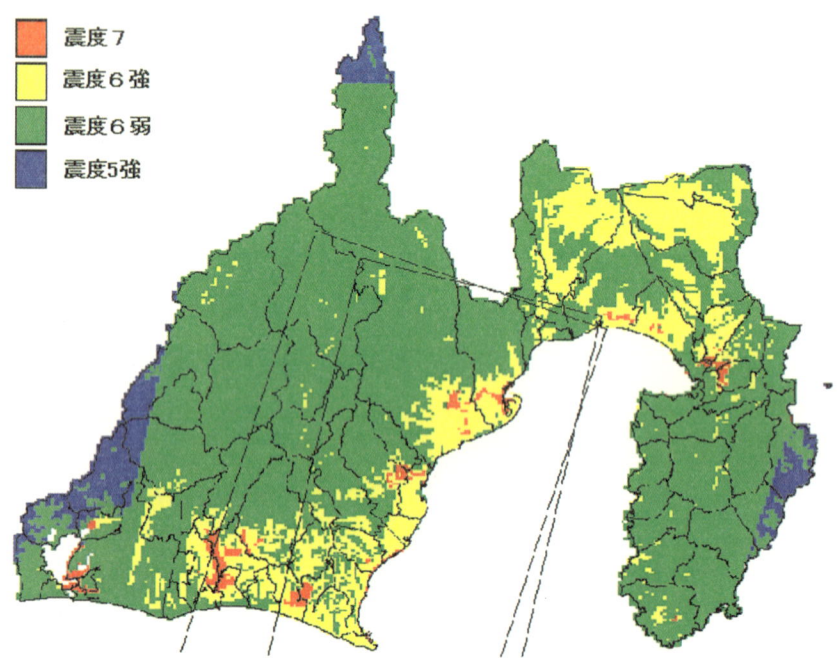

出所　静岡県第3次地震被害想定資料

　図表4には、国が示した震度分布図である図表1と違いがあります。特に、静岡県西部の山地では、国が示した想定震度は北では弱く南では強くなっています。さらに、県西部の平野部では若干ながら国の想定震度のほうが静岡県のそれより強い。一方、県東部では、狩野川下流域の震度7が国の震度分布図では想定されていません。
　以上のような違いは、シミュレーションの違いによるものです。想定とは一種のシミュレーションです。そのシミュレーションは、あるモデルをもとに数式を考え、それを計算した結果として得られます。
　たとえば、実際に行われている天気予報で考えてみましょう。現実的には天気予報もシミュレーションの結果によって天候を予測していま

す。天気予報の場合、予測したシミュレーション結果（予報）があっているかどうかは、基本的には数日単位で確認できます。俗にいう「予報があたった」とか「あたらなかった」という話ですね。ですから天気予報の場合、予報の結果次第で計算に用いる数式や係数などを修正して、より正しく的確に予報ができるように改善することができます。

　ところが、東海地震のような大地震の場合、シミュレーション結果の当否は、実際問題として想定した地震が100年から150年に1度しか起きませんから、結果を得ての修正がすぐにできません。そこで、過去に起きた大地震から似たような例を探しだし、その正確性を確認するという作業が行われます。

　歴史的に見ると、静岡県から四国沖にかけては繰り返し大地震が起きています（第11章の図表3を参照）。

　1498（明応7）年の明応地震、その107年後の1605（慶長10）年の慶長地震、1703（元禄16）年の元禄地震（関東地震）をはさんで、慶長地震から102年後の1707（宝永4）年に宝永地震、さらに147年を経て1854（安政元）年に安政東海地震が起きています。

　安政東海地震の90年後の1944（昭和19）年には、また大地震が起きますが、これは駿河湾から遠州灘の領域では地震を起こす地盤破壊が起きず、その西側だけで地震が発生しているので、東南海地震に区分されます。その2年後の1946（昭和21）年にはその西側で南海地震が起きています。

　このように500年ほどの期間で見ると、100〜150年の周期で、駿河湾から遠州灘にかけての地域には繰り返し地震が起きていることがわかります。これが東海地震説の根拠をなしているものです。

　静岡県の領域でこのことを考えてみると、1854（安政元）年の安政東海地震がかなり参考になります。安政東海地震は江戸時代の末期だったため、さまざまな記録が残っています。次の東海地震を考えるうえでは、

この安政東海地震の記録を丹念に調べ、われわれが想定しているシミュレーションの確かさを詳しく検証できるのです。
　東海地震というものを考えたとき、静岡県はその被害の中心地に位置するだけに、県内の災害対策を確実に行う責務を負っています。したがって静岡県が公表する地震被害想定は、県内の市町村レベルでの対策で"使えるもの"を作成する必要がありますから、国の想定の仕方とは違います。
　静岡県内における地震被害の再現性という意味では、静岡県が行ったシミュレーションのほうが国より優れていると、私たちは考えています。ですから、静岡県では図表4を基本として地震対策を進めていこうと考えています。

■ 想定被害の詳細

1. 地震動被害

　東海地震が起きた場合、静岡県の各地で激甚な災害が同時多発的に発生します。図表1を見ると、狩野川下流域から浜名湖にかけて、震度7の地域があります。この地域では各地で建物や構造物が倒壊します。
　また、軟弱地盤では増幅して大きくなった揺れが長く続き、液状化、地殻変動などによる地盤破壊が起きます。密集市街地での延焼火災が多発し、建物倒壊などのせいで通行障害が生じ、消防活動も阻害されるといった、さまざまな問題が発生します。
　さらに、地震発生とほぼ同時に津波の第1波が襲来し、10〜15分の周期で何度も押し寄せてきます。山間地では山が崩れ、集落が孤立し、都市部ではビルからの落下物やブロック塀・自動販売機などの倒壊による被害が多発するでしょう。

2. 液状化被害と地震の揺れの長さ

　図表5は液状化の危険度を示したものです。図表1で示した震度7が

図表5　東海地震想定地盤液状化危険度図

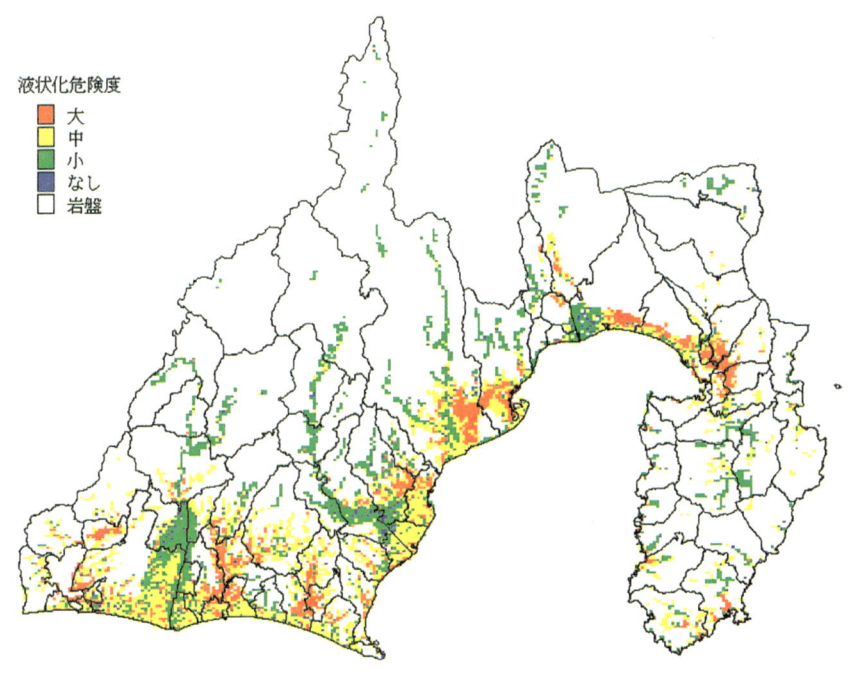

出所　静岡県第3次地震被害想定資料

出現する地域でも、特に軟弱地盤を中心として、その外回りに液状化危険度の高い地域が分布しています。

　1944（昭和19）年の東南海地震でも、遠州地域では液状化現象が起きたという記録が数多くあります。当時は「液状化」という言葉はまだ使われていませんが、かわりに「噴砂」という言葉が多くの記録に散見されます。この「噴砂」という言葉は、液状化した地下の砂が地上に吹き出す現象を指します。

　実際に東海地震が起きた場合、地盤の弱い地域での激しい揺れは1分間ほど続くと思われますが、軟弱地盤ではさらに揺れは長引き、おそら

く2分間程度は続くものと考えられます。

　1995（平成7）年に起きた兵庫県南部地震のときは、激しい揺れはほんの十数秒でした。いわば、大きくドンと揺れて終わってしまったような感じでしたが、東海地震の場合は激しい揺れがそれより長く続きます。

　なぜなら、図表2を見てもおわかりのように、東海地震はその想定震源域だけでも百数十kmあり、どこかで始まった地下の岩石破壊が想定震源域全体に到達するだけでも30秒以上かかるからです。さらに、揺れの原因となる崩壊が30秒以上続きますから、それによって引き起こされる揺れは、当然のことながら1分以上続きます。したがって、軟弱地盤のような振幅の増加が激しいところでは、2分以上激しい揺れが続くと考えていいと思われます。

3. 地殻変動

　1995（平成7）年の兵庫県南部地震では、淡路島側に野島断層が動いた跡がハッキリと出現しています。東海地震もプレート境界で起こる海溝型の地震なので、やはり地殻変動は起きます。

　地殻変動では「地盤沈降」と「地盤隆起」という2つの問題が生じます。

　海側のプレート（地盤）は非常に緩慢な動きで陸側のプレートの下へもぐり込んでいきますが、陸側のプレートはこの動きに引きずられて、次第に沈み込みます。これが「地盤沈降」という現象です。しかし、沈降による歪みが限界に達すると、陸側のプレートは一気に跳ね上がります。こうして東海地震が発生します。跳ね上がって地震が起きたときには「地盤隆起」が起きます。

　静岡県の御前崎は、地震の前はずっと沈降しつづけますが、地盤沈降が限界に達して地震が起きると、当然、地上の御前崎先端部は跳ね上がります。現在、御前崎の岩礁は地盤沈降のせいで次第に見えなくなってきていますが、次の東海地震が起きると、おそらく地盤隆起によって岩礁がよく見えるようになるでしょう。

静岡県東部の興津と由比の間には薩埵峠という、北陸にある親不知子不知と同じく急峻な山が海へ落ちこんでいる場所があります。ここも1854（安政元）年の安政東海地震のときと同様、地盤隆起で海岸が広く出現し、通行できるようになるでしょう。

　東海道の歴史を見ていると、昔から地震が起きた後では海から道が出現する時期があるようです。しかし時間が経つにつれて地盤沈降が起き、出現した道がまた海に沈んで通れなくなり、再び山越えをしなければならなくなる。どうもこういった歴史を繰り返しているようです。

　それから、静岡県東部の駿河湾奥に流れ込む富士川の河口付近から富士山南西山麓にかけては「富士川河口断層帯」があり、これが次の東海地震に連動して地殻変動を起こすのではないかと懸念されています。本格的な富士川河口断層帯の活動が起きると、おそらく地上では8ｍ以上の隆起が生じ、それだけでM（マグニチュード）8クラスの地震になります。

　富士川河口断層帯の活動自体は1,000〜1,500年に1度しか起きません。一方、東海地震は100〜150年の周期で起きる地震ですから、富士川河口断層帯のような1,000年オーダーの活動とは違います。ですから、何回かに1度、周期が重なったときに東海地震と同時に断層の動きがあるのではないかと考えられますが、ただし、それ以外はまったく活動しないというわけではありません。

　たとえば1854（安政元）年の安政東海地震では、蒲原地震山や松岡地震山が出現したという記録があります。松岡地震山についての記録には「一丈二尺の山が出現した」とあるので、今でいう約3ｍの隆起があったことになります。つまり、8ｍ級の隆起はなくても、2〜3ｍの隆起は次の東海地震でもあるかもしれないと考えるべきでしょう。

　富士川にはいくつも橋がかかっているだけに、それを考えると非常に気がかりな問題です。

4. 津波被害

　1995（平成7）年の兵庫県南部地震は津波をともないませんでしたが、東海地震では津波が発生します。しかも、静岡県は震源域に含まれるので、地震発生から津波の到達まではほとんど時間がないと予測されます。

　ただし、1993（平成5）年の北海道南西沖地震で津波に襲われた奥尻島も震源域でしたが、それでも地震発生後2分間程度は逃げる余裕がありました。したがって、次の東海地震でもまったく逃げる余地がないわけではないのです。海辺にいるときに大きい地震があったら、まず高いところへ避難することを心がけてください。

　現在、想定されている静岡県の津波被害は、浸水面積が約38 km^{2}で、建物の大破は約2,200棟に及ぶとされています。津波高は駿河湾内で大きいところは10 m程度、遠州灘でも2〜3 mから場所によっては7 m程度、伊豆半島南部で5 m程度と考えられています。

　掛川市のような内陸地域では津波の危険は身近ではないかもしれませんが、海岸へ出かけた際に東海地震に遭遇することもありえますから、そのときは即座に高いところへ避難してください。

5. 余震活動

　大規模な地震の後には、必ず激しい余震活動が見られます。余震の数は本震直後に多く、10日目には約10分の1に減少します。

　また最大余震は、内陸では本震から3日以内に起き、そのマグニチュードは本震より1小さい程度と、かなり大きなものが予想されます。つまり、東海地震はM8.0クラスと想定されていますから、M7.0クラスの余震が起きる可能性があるということです。

　M7.0というと、規模としてはM7.3である兵庫県南部地震の半分以下ですが、それでもあれだけの被害をもたらした地震の「半分以下」ということであれば、決して侮れない力を持つ余震が起きることは覚悟しておかなければなりません（注：マグニチュードが1段階異なった場合、地

図表6　阪神・淡路大震災との比較による東海地震の被害想定

項　目		阪神・淡路大震災	東海地震の被害想定（第3次被害想定）	比較（東海/阪神）
対象人口		547万人	374万人	0.7倍
地震のマグニチュード		7.3	8程度	約10倍
震度7のエリア		約30km²	約130km²	4.3倍
建物被害	全壊（大破）	104,906棟	192,450棟	1.8倍
	半壊（中破）	144,272棟	294,846棟	2.0倍
	一部損壊	263,702棟	279,433棟	1.1倍
	床下浸水（津波）	──	6,945棟	──
	小　計	512,880棟	773,674棟	1.5倍
	火　災	7,483棟	58,402棟	7.8倍
人的被害	死者・行方不明	6,435人	5,851人	0.9倍
	重傷者	8,782人	18,654人	2.1倍
	軽傷者	35,010人	85,651人	2.4倍
	小　計	50,227人	110,156人	2.2倍

震の規模としては約32倍違うことに留意）。

6. 山・崖崩れ、延焼火災

　山・崖崩れの危険箇所は静岡県下でおよそ6,450ありますが、そのうち最も危険であることを示すAランクが約2,000を占めます。

　つまり、いま危険が指摘されるところの約30％は、地震の際に何らかの影響を受ける可能性があります。

　また、大きな地震が起きると、人口20万人クラスの都市部では必ず延焼火災が発生すると考えなくてはいけません。

■ 被災後の生活はどうなるか

　図表6は、東海地震の被害想定を、1995（平成7）年の阪神・淡路大震災（兵庫県南部地震）の被害と比較したものです。

図表7　東海地震で想定される人的被害　　　（単位：人）

時間帯	被害種別	事前予知なし	事前予知あり
5時	死者	5,900	1,500
	重傷者	19,000	3,100
12時	死者	3,700	830
	重傷者	17,000	2,700
18時	死者	4,000	190
	重傷者	16,000	25,000

※1　木造建物の倒壊による死傷が特徴
※2　阪神・淡路大震災の人的被害の発生事例を反映
※3　時間帯別の被害の相違を試算

　震度7の領域は、阪神・淡路大震災の場合で約30km^{2}でしたが、想定される東海地震では静岡県内だけで約130km^{2}に及び約4.3倍の広さとなっています。

　人的被害では、死者数はほぼ同じくらいですが、重傷者は約2倍です。建物被害も約2倍になると想定されます。震度7の面積が4倍強であっても、被害がその2～3倍にとどまっているのは、静岡県と阪神・淡路地区でそれだけ都市化の度合いが違うということの反映と思われます。

　図表7は、次の東海地震で想定される人的被害を示したものです。東海地震が夜明け前に起きた場合、事前予知がなければ約5,900人、事前予知があっても1,500人ほどの死者が想定されています。事前予知があっても1,500人という数字に驚かれる方も多いと思われますが、残念ながら「自分は大丈夫」と思って避難しない方もおられるでしょうから、数字としてはこうした想定をせざるを得ないのです。

　鉄道や高速道路では1か所で多数の死者が予想され、新幹線（16両編成）の事故で死者数百人、駅や駅間での滞留客800人が発生すると予想されています。時期によりますが、海水浴客の津波被害も、ピーク時な

図表8　阪神・淡路大震災との比較によるライフラインの被害想定

項　　目	阪神・淡路大震災	東海地震の被害想定 （第3次被害想定）	比較（東海/阪神）
停　　電	約260万戸	約58万戸	0.2倍
都市ガス供給停止	約86万戸	約48万戸	0.5倍
水道断水	約123万戸	1日後　約88万戸	0.7倍
		7日後　約18万戸	0.1倍

ら数千人から1万数千人の漂流者が出る可能性があります。

　それから、少なくとも数日間は交通が遮断されることも確実です。また、電気・電話・ガス・水道といったライフラインもしばらく使えなくなります。図表8は次の東海地震におけるライフラインの被害想定を示したものですが、電気は約58万戸が停電となり、その期間も7〜12日程度、ガスや上下水道の場合は1か月程度の不自由を覚悟しなければならなくなるかもしれません。

　したがって地震で被害が発生したら、それをいかにうまく吸収するかという観点の対応が必要になります。

　たとえば、耐震性の低い木造建築物などが倒壊してその下敷きになる、あるいは倒れてきた家具の下敷きになる方の数を、静岡県では約2万8,000人と想定していますが、こうした人々をどうやって救出するかを考えなければなりません。

　また、地震の翌日には約120万人規模の住民が避難所生活を余儀なくされると想定していますが、緊急物資である飲料水や食糧は3日目で不足すると予測されます。

　加えて、静岡県が抱える大きな問題としては、県の北側にある山脈と南側の海、県内を分断する大河川や峠、断層帯の存在があります。なぜなら、これらの存在によって各地域が孤立化させられてしまうおそれが

あるからです。

　海岸では必ず津波が発生します。津波が起きれば、3日は港が使えないと考えたほうがいいでしょう。そうなると、兵庫県南部地震のときのような海からの大規模な救援は期待できません。一方、静岡県の北側にある南アルプスは、兵庫県にある六甲山とは比べものにならないほどに急峻です。

　さらに、天竜川・大井川・安倍川・富士川などの大きな河川が流れ、なおかつ富士川河口断層帯がある。また、富士川の河口近くには「由比の地すべり」として有名な難所があり、過去にも大きな地震で地すべりを起こし、東西の交通を遮断したのです。

■ 自主防災の重要性

　以上のような状況から、交通・通信・ライフラインなどの分断にともなう地域の孤立化に際し、住民は自らの命は自らで守り、自らの地域は自らの手で守るという意識で行動しなくてはなりません。それぞれの地域が自分たちの力で発災直後を乗り切ることが必要になってくるということです。

　前述のように、建物の倒壊や家具の下敷きになるなどの方の数は約2万8,000人に及ぶだろうと想定されています。しかもそのうち4,500人程度は死亡すると推算されます。

　阪神・淡路大震災の例では、死者の約84％が建物の倒壊や家具の下敷きが原因で亡くなりました。死体検案書を見ると、約60％の方が地震発生直後15分以内に亡くなっています。つまり、次の東海地震の場合、生き埋めになった約2万8,000人の方々を地震発生後15分以内に助け出さなくてはならない、ということになります。

　ところが、警察・消防・自衛隊といった救助の主力部隊が、静岡県下に散らばっている約2万8,000人の被災者のところへ15分以内に行ける

かといえば、それは常識的に考えて不可能です。事実、阪神・淡路大震災で警察・消防などの救助隊に救われた方は生埋者の約2.4％しかいませんでした。つまり、生埋めにあった方の救出にあたらなければならないのは、その方の家族であり、近隣の地域住民であるというのが現実なのです。ですから、何としても地域の自主防災力を強化しなければなりません。

　さらに申し上げれば、地域住民の力で生き埋めになった方々を15分以内にすべて救い出せるかといえば、これは残念ながら無理です。では対策としてどうすればいいのか？　やはり、自分自身で建物や家具の下敷きにならないような方法をとらなければならない。つまり、何よりも自分の住んでいる家の耐震性を高め、家具をしっかり固定しておくことが不可欠ということなのです。

■ わが家の耐震診断

　静岡県の第3次被害想定によると、想定建物被害率は都市部での被害の大きさが目立つものの、掛川市の被害は、新築の建物が多いせいかそれほど大きく想定されていません。ただし、今のお話はあくまで計算上のことですから、絶対に倒壊しないという保証はありません。やはり、しっかりとした耐震性能を持った住宅にすることが重要です。

　以上のことから、静岡県ではさきほどの第3次被害想定にもとづいて、県の防災局において「アクションプログラム2001」を戦略的な地震対策として立案しました。その一環として「プロジェクトTOUKAI（東海・倒壊）－0（ゼロ）」では、旧耐震基準の木造住宅約60万棟に対する簡易耐震診断や、専門家による診断・相談などを実施しています。

　そこで「プロジェクトTOUKAI（東海・倒壊）－0」で行っている「わが家の耐震診断調査票」（写真1～3）についてご説明したいと思います。

　この耐震診断は、2階建てまでの在来工法による一戸建木造住宅につ

写真1

わが家の耐震診断 調査票

平成7年の阪神・淡路大震災では、亡くなった方の8割以上が、建物の倒壊などによる圧死でした。特に昭和56年以前の旧建築基準で建てられた木造住宅に大きな被害がでました。地震で命を失わないためには、わが家の耐震性を知り、必要な備えをすることが大切です。本県では予想される東海地震から県民のひとりでも多くの生命を救うため、県と市町村が協力して行う事業

プロジェクトTOUKAI（東海・倒壊）-0（ゼロ）

を推進しています。ぜひ「わが家の耐震性」を診断しましょう。

診断の結果、耐震性に不安のある方には無料で市町村から専門家を派遣して診断や相談を受けられる準備をしています。
専門家の派遣を希望される方は、この調査票の配付先を通じて市町村へ提出して下さい。

この調査票を提出していない方は、以下の質問にお答えください。（数字を○で囲んでください。）

質問1 あなたの住んでいる住宅は、いつ建てましたか？
1. 昭和56年5月31日以前に着工
2. 昭和56年6月1日以降に着工

※増築した場合でも、最初に建てた年で答えてください。
　わからない場合は、1に○をつけてください。

2に○をつけた方：耐震性の高い建築基準で設計されています。調査票の提出は不要です。
2に該当する建物をこの調査票で診断すると評価が低くでることがあります。

↓ 1に○をつけた方

質問2 あなたの住んでいる住宅は、どのような住宅ですか？
1. 一戸建て木造住宅（在来工法）
2. その他の住宅（プレハブ、ツーバイフォー、鉄骨造等）

2に○をつけた方：この調査票では診断できませんので、耐震性を確認したい方は設計者または建設業者に相談してください。調査票の提出は不要です。

↓ 1に○をつけた方

質問3 あなたの世帯は、どのような世帯ですか？
1. 高齢者世帯（65歳以上の方のみで構成されている世帯）
2. 障害者世帯（身体障害者手帳などの交付を受けている方のみで構成されている世帯）
3. その他の世帯

1,2に○をつけた方：次のページからの診断が困難な場合は、4ページに自治会名、班名、世帯主氏名、住所、電話番号のみを記入の上、調査票を提出しても結構です。

↓ 3に○をつけた方

次のページからの耐震診断を行い、わが家の耐震性を知りましょう。

第1章 東海地震の第3次被害想定とその対策

写真2

わが家の耐震診断

耐震診断は、3ページの「わが家の耐震診断表」で
壁や基礎などを総合的に評価して判定します。

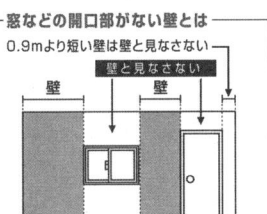
窓などの開口部がない壁とは
0.9mより短い壁は壁と見なさない

1 まず1階の平面図を書きましょう。
（2階建でも、1階の平面図だけを書いてください）
・建物の平面図がある場合は、そのコピーを貼って計算しても構いません。
・1めもりを 説明資料 ❶ のように半間（約0.9m）としてください。
・窓などの開口部がない壁を**太線**で書いてください。
・戸やふすまを書く必要はありません。

2 次に壁の割合を出しましょう。

❶で書いた平面図の壁の量と下の図の壁の量を比べると、あなたのお宅はどのタイプにあてはまりますか。
あてはまったタイプの評点が3ページの「わが家の耐震診断表」の項目Ⓐ「壁の割合」の評点となります。

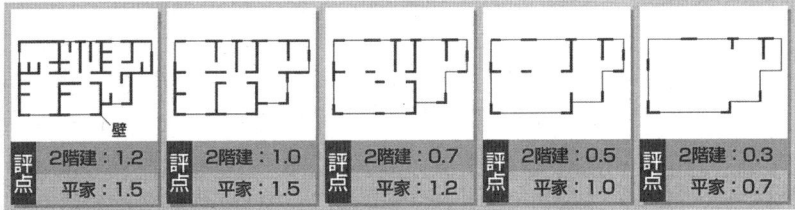

☆より精度の高い診断をしたい方は、説明資料を参考に計算で「壁の割合」を出してください。

写真3

3 総合評点を出しましょう。

・下の診断表を使って、総合評点を出しましょう。
・2階建の場合は、1階部分だけで診断します。
・同じ項目内に該当するものが2つ以上ある場合は、小さい値を選んでください。

わが家の耐震診断表

	診 断 項 目			評 点		
Ⓐ 壁の割合	1.8以上			1.5		ⓐ
	1.2以上1.8未満			1.2		
	0.8以上1.2未満	計算により壁の割合を出した方は⑤の値があてはまる項目の評点を選んでください。		1.0	2ページで求めた評点です。	
	0.5以上0.8未満			0.7		
	0.3以上0.5未満			0.5		
	0.3未満			0.3		
Ⓑ 地盤と基礎	基 礎 \ 地 盤	良い	普通	悪い		ⓑ
	鉄筋コンクリート造の連続した基礎	1.0	0.8	0.7		
	鉄筋がないコンクリート造の連続した基礎	1.0	0.7	0.5		
	ひび割れのあるコンクリート造の連続した基礎	0.7	0.5	0.4		
	その他の基礎(玉石、ブロックなど)	0.6	0.4	0.3		
Ⓒ 建物の形	上から見ても、横から見ても整っている			1.0		ⓒ
	上から見て凸凹している			0.9		
	1階に壁のない空間がある			0.8		
Ⓓ 壁の配置	外壁の隅のすべてに壁がある			1.0		ⓓ
	外壁の一つの隅に壁がない			0.9		
	外壁の一つの面に壁がない・外壁の二つの隅に壁がない			0.7		
Ⓔ すじかい	すじかい「有り」			1.5		ⓔ
	すじかい「無し」			1.0		
Ⓕ 老朽度	健全(新築時の良い状態が続いている)			1.0		ⓕ
	柱が傾いたり、戸やふすまのたてつけが悪い			0.9		
	土台や柱などが腐ったり、シロアリに食われている			0.8		

ⓐからⓕの評点を記入し、かけ算を行って総合評点を出しましょう。

総合評点 ⓐ × ⓑ × ⓒ × ⓓ × ⓔ × ⓕ ➡ **総合評点**

総合評点は説明資料の総合評点欄にも記入して控えとしてください。

総合評点が、0.04より小さいか、2.3より大きい場合は、かけ算が誤っています。
もう一度計算してください。

4ページの耐震判定表で、判定してください。

図表9　耐震診断調査票の質問

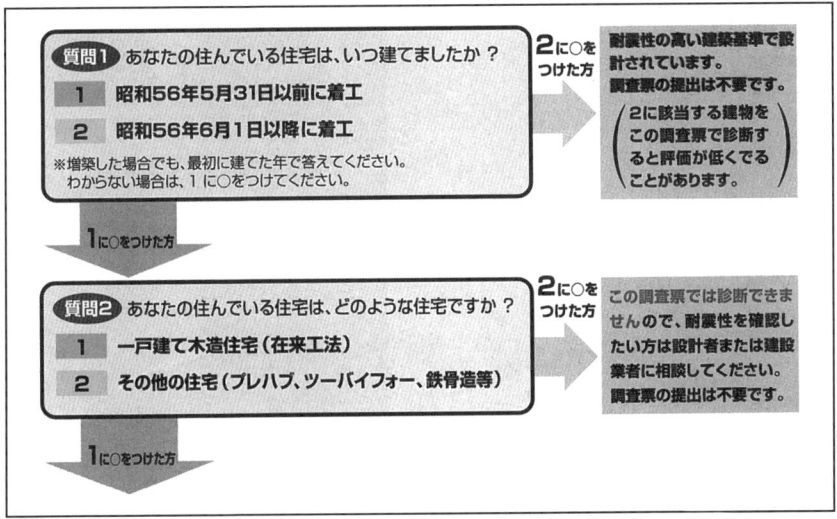

いて、壁の割合や基礎の状態、すじかいの有無といったものを「評点」として数量化し、各評点をかけ算することによって得られる数値（総合評点）によって、簡易な耐震診断を行おうとするものです。

1. 昭和56（1971）年の建築基準法改正以前の住宅か

　図表9をご覧ください。「質問1」で「あなたの住んでいる住宅は、いつ建てましたか？」とあり、その回答として、

　　1　昭和56年5月31日以前に着工
　　2　昭和56年6月1日以降に着工

の2つがあることがわかります。

　昭和56（1971）年6月1日というのは、実は建築基準法が現行の新しい耐震基準に改められた日で、それ以降に建てられた（建築確認を受けた）建物は、新しい耐震基準によって（ゼロではないものの）倒壊率が非常に低く、それ以前の建物とは倒壊率において大きな差があります。したがって、回答の「2」に該当すれば、よほどの手抜きでもない限りお

そらくは大丈夫です。

　現実問題として、専門家による耐震診断であっても、壁材をはがして中を確認しない限り工事の手抜きは見抜けませんが、かといって耐震診断のために壁をはがすというわけにもいきません。

　ですから、よほどのことがない限り、昭和56（1971）年6月1日以降に建築確認を受けた建物なら、耐震基準を満たしていると判断してまず間違いないということになります。

2. 在来工法か否か

　次に同じく図表9に「質問2」として「あなたの住んでいる住宅は、どのような住宅ですか？」というものがあります。この回答として、

　　1　一戸建て木造住宅（在来工法）

　　2　その他の住宅（プレハブ、ツーバイフォー、鉄骨造等）

の2つがあります。

　要はこの質問は、診断の対象となる住宅が「在来工法か否か」を確認しているものです。在来工法というのは、柱と梁を組んで建物を建てる伝統的な建築方法を指しますが（詳細は本書第3章参照）、残念ながらこの調査票では、在来工法による2階建てまでの一戸建木造住宅しか耐震診断ができません。

　もし、回答の「2」に該当される方の場合、鉄骨造等の建物の耐震診断については実際に構造計算をしないと判断できませんので、個別に専門家と耐震診断について相談していただく必要があります。

■ 耐震診断の方法

1. 自宅の平面図を描く

　以上を前提として、まず、図表10にあるマス目にご自宅の1階平面図を描いていただきたいと思います。要は部屋や廊下、階段を含む簡単な見取図を作成していただきたいということです。

図表10　平面図用のマス目

```
❶ まず1階の平面図を書きましょう。
　　（2階建でも、1階の平面図だけを書いてください）
・建物の平面図がある場合は、そのコピーを貼って計算しても構いません。
・1めもりを [説明資料] ❶ のように半間（約0.9m）としてください。
・窓などの開口部がない壁を太線で書いてください。
・戸やふすまを書く必要はありません。
```

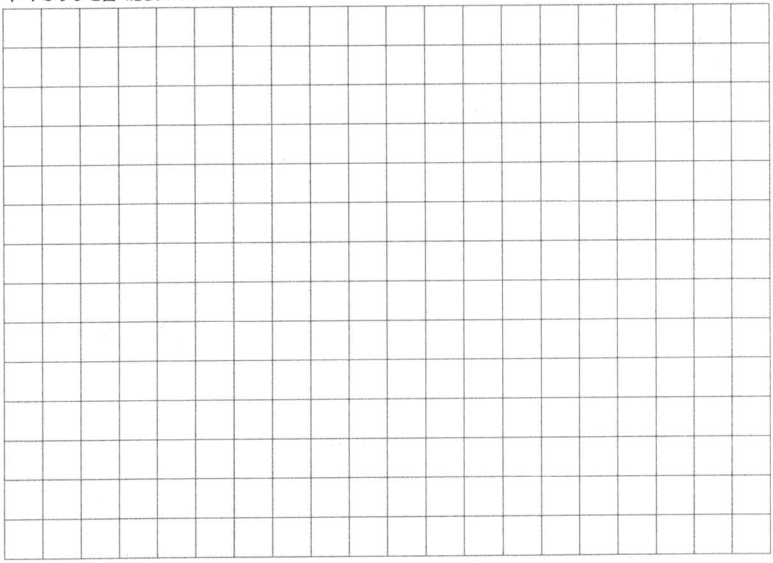

　図表10にあるマス目は、1つのマスが3尺（約90cm）四方となっていますから、日本にあるごく普通の住宅であればこのマス目でうまく対応できると思います。たとえば、畳の短い辺がちょうど3尺、つまり半間ですね。畳の長い辺はちょうど9尺、間にしてちょうど1間という具合です。

　このマス目を使って、まずご自宅の見取図を描き、その後で壁のところを図表11のように太く塗ってみてください。その際、窓があったり、あるいはドアが付いていたりする壁は〈壁と見なさない〉ようにしてください（図表12）。それから、壁の長さが3尺に満たないところも〈壁

図表11　壁を太く塗った平面図

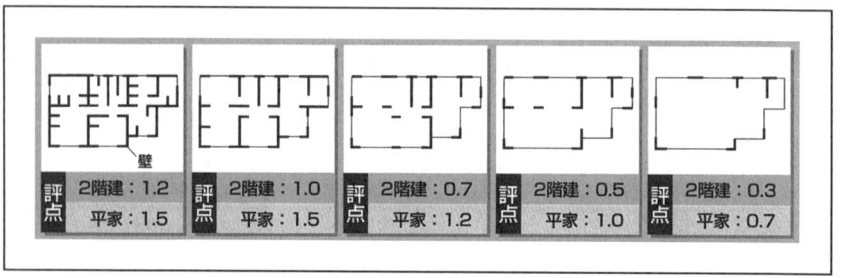

図表12　壁と見なさない壁

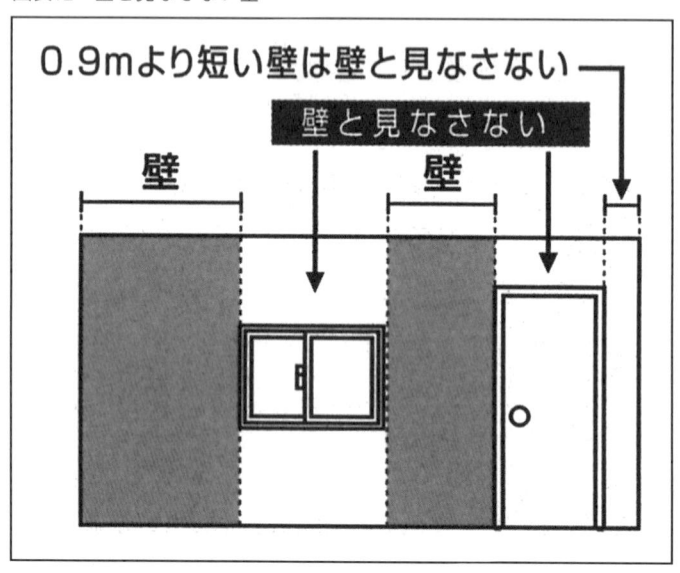

と見なさない〉で描きます。要するに、壁として見なしていいところのみを太く塗っていくのです。

　すると、さきほどの図表11のような絵ができてくると思います。その次に、ご自宅が図表11の５つのサンプルのうち、どのサンプルに相当するかを決めてみてください。２階建てでも、平面は１階だけを考えれば結構です。

図表13 地盤と基礎の評点表

地盤と基礎	基礎＼地盤	良い	普通	悪い
	鉄筋コンクリート造の連続した基礎	1.0	0.8	0.7
	鉄筋がないコンクリート造の連続した基礎	1.0	0.7	0.5
	ひび割れのあるコンクリート造の連続した基礎	0.7	0.5	0.4
	その他の基礎（玉石、ブロックなど）	0.6	0.4	0.3

2. 個別の評点を出す

① 壁の割合

「壁の割合」の評点は、本来は計算をして算出するのですが、さきほどの図表11にあるイメージ図を使えば簡単に出せます。

たとえば、図表11の中央にあるイメージ図に近い場合、2階建ての場合の評点は「0.7」、平屋のそれは「1.2」になります。

② 地盤と基礎

今度は、地盤の状態と基礎の状態の組合せで評点を決めます。

まず基礎の状態ですが、現行の建築基準法によって住宅を建てた場合、普通は布基礎に鉄筋が入っているはずですが、旧法によって建てた場合、布基礎に鉄筋が入っていないことが多くなります。また、なかにはヒビが入っている基礎もありますが、そうしたものは評点が下がります。

さらに戦前に建てられたような古い住宅の場合、布基礎ではなく、玉石やブロック、あるいは塚石などで基礎をつくっているものがあります。そういう場合は「その他の基礎」に該当させます（図表13）。

それから地盤の状態が「いいか・悪いか」の判断ですが、「良い」地盤は、岩盤や丘陵地、台地などが考えられます。一方、「悪い」地盤とは大型トラックが通ると家が揺れるような地盤、田んぼや沼の埋立地などが考えられます。それ以外は「普通」と判断してください。

これで、地盤と基礎の組合せで評点が導き出せるはずです。たとえば、

図表14　建物の形（上から見たとき）

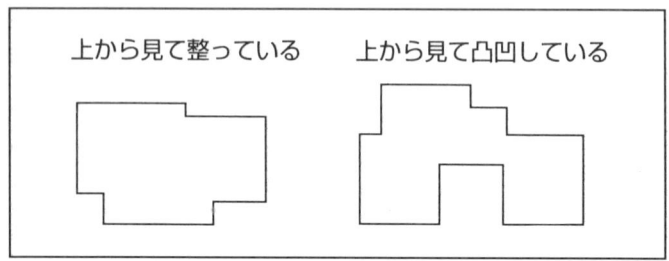

図表15　建物の形（横から見たとき）

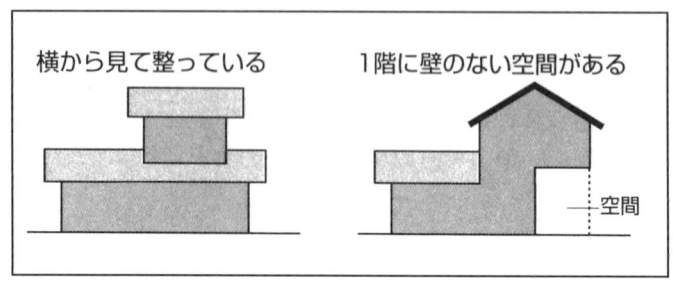

基礎は「鉄筋がないコンクリート造の連続した基礎」で、地盤が「普通」の場合、評点は「0.7」となります。それから、基礎が戦前に建てられた住宅のような玉石である場合、基礎は「その他の基礎（玉石、ブロックなど）」となり、地盤が「普通」であるとすると、組合せによる評点は「0.4」ということになります。

③　建物の形

建物を上から見たとき、「おおよそ四角いか」または「凹凸しているか」（図表14）、また横から見たときに「2階が1階よりも出っ張っている個所があるか」（図表15）といった、建物の形に関する判断がここでの話になります。

図表14は建物を上から見たもので、左と右を比べると、左のほうがはるかに整っていることがわかります。

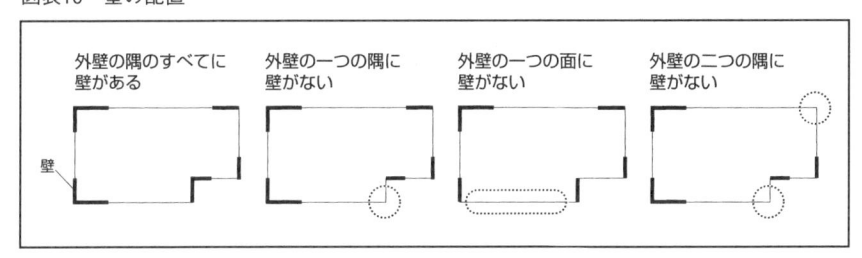

図表16　壁の配置

| 外壁の隅のすべてに壁がある | 外壁の一つの隅に壁がない | 外壁の一つの面に壁がない | 外壁の二つの隅に壁がない |

　このように、上から見ても横から見ても形が整っている家の評点は「1.0」、上から見て凸凹している家の評点は「0.9」。横から見て、1階に車庫があったりするなど、1階に壁のない部分があれば評点は「0.8」になります。

　④　壁の配置

　図表16に壁の配置のパターンを示しました。

　「外壁の隅のすべてに壁がある」場合は評点「1.0」、「外壁の一つの隅に壁がない」場合は評点「0.9」、「外壁の一つの面に壁がない」あるいは「外壁の二つの隅に壁がない」場合は評点「0.7」となります。

　⑤　すじかい

　これはズバリ、すじかいがあれば評点「1.5」、なければ評点「1.0」です。

　すじかいの「ある・なし」は天井裏の構造材を見るとわかります。斜めのすじかいが入っていれば（図表17）、その頭が見えるはずです。

　⑥　老朽度

　まず「健全（新築時の良い状態が続いている）」である場合は評点「1.0」、「柱が傾いたり、戸やふすまのたてつけが悪い」状態のときは評点「0.9」、「土台や柱などが腐ったり、シロアリに食われている」場合は評点「0.8」とします。

　土台や柱の腐食、あるいはシロアリ被害にあっているかを調べるには、

図表17　壁のすじかい

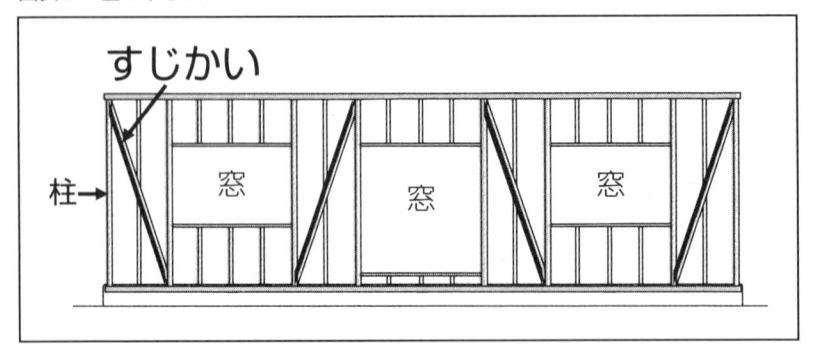

ドライバーで突いてみるとわかります。たとえば、シロアリ被害にあっている場合、木がガサガサの状態になっているのがわかるはずです。

特に建物の北側と風呂場まわりは入念に調べてみてください。

3. 総合評点

以上の①～⑥の評点すべてをかけ算して総合評点を出します。合計点が「1.5」以上であれば安全です。「1.5未満0.7以上」は専門家の診断を要します。「0.7未満」は、倒壊または大破壊の危険がありますから、専門家による診断を受け、補強について対策を講じる必要があります。

ちなみに、実は評点が「1.0」あれば本当は合格なのですが、この耐震診断は精度としては大まかな部類ですので、少し余裕を持たせて「1.5」を合格点にしています。

厳密な意味で正確な耐震診断を行うには、壁の分量を計算して評点をつける、地盤に関しては地質調査を行わなくてはいけない、あるいはすじかいも「あるか・ないか」といった判断ではなく正確な数量が必要になってくるのですが、それでは煩雑すぎてかえって使いづらいものとなってしまいます。

したがって、評点「1.0」を合格とせず「1.5」を合格とし、数値に幅を持たせることによって利便性を高め、普及を図ったのです。自己診断

にはこの耐震診断で十分ですから、ぜひご自宅の耐震診断をしてみてください。

■ 家具の固定

　最後に、家具の固定に関するポイントをご説明します。家具の固定については、静岡県地震防災センターでもいろいろなサンプルを示していますが、耐震補強同様にいろいろな方法があって、単純に「こうすればいい」というものは残念ながらありません。

　それでもポイントとしては、家の柱や壁に家具をピッタリとつけて、そこにしっかりと固定するということが重要になります。

　特に、壁に固定するときに気をつけるべき点は、壁の下にある間柱(まばしら)にしっかりと固定することです。通常の在来工法の場合、柱と柱の間に間柱といって壁を補強する役割を持った柱が垂直に入っています。この間柱へ家具をしっかりと固定することが何より必要になります。

＊　　　＊　　　＊

　さきほども申し上げたように、阪神・淡路大震災の例では、亡くなった方の約84％が建物の倒壊や家具の下敷きが原因で命を落とされています。一方、倒壊した建物や家具の下敷きになって生埋めとなった方で、警察・消防などの救助隊に救われた方は生埋者全体の約2.4％しかいない、という現実があります。

　実際に次の東海地震が起きた場合、混乱の最中で救助を待つという姿勢は、上記のことを考えればあまり現実的とはいえない面があります。やはり、皆さんや皆さんのご家族を地震から守りきるには、何より皆さんご自身の努力が一番の力なのです。

　まず、その手始めとして、さきほどの簡易耐震診断、あるいはご自宅

の家具をしっかり固定してみるなど、できるところから手をつけてみてください。それが「自主防災力」を高めるための大事な一歩になるのですから。

第2章　◎鼎談

「減災」による実現可能な耐震対策を

建物の耐震対策の重要性

静岡県防災局
技監兼防災情報室長
小澤邦雄

静岡大学名誉教授
土　隆一

［司会］静岡県掛川市長
榛村純一

■「減災」という発想

榛村（司会）　さきほどのお話において、阪神・淡路大震災の死者6,433人のうち、推定も入りますが窒息死・圧息死が84％を占め、そのうち15分以内に死亡した人が60％である——つまり約半数は15分以内に窒息・圧息したという事実は衝撃的でした。

　いかに住まいの耐震化が重要であるかがわかりますが、しかし耐震診断を進んで行う人はまだ少ないのが現状です。「なぜ、耐震診断を依頼しないのですか」とうかがうと、診断の結果によっては直さなければいけないとわかっても、それにかかる費用を捻出できないのだから「診断だけをしてもらっても仕方がない」という答えがかなり多いのです。そういう意味では、やはり耐震補強に補助金を出さなくてはと思います。

　こうした現状から、家が倒壊せず人命が失われないようないい方法がないかということで、最近いわれるようになったのが「減災」——災害を減らす耐震建築です。何百万円といった費用をかけなくても、80～100万円ぐらいで倒壊だけは避けられるような工事を行うことができれば、

耐震診断を少しは普及できるのではないかと考えます。

　小澤さんにうかがいたいのですが、この「減災」という言葉は、どなたが考えだしたのでしょうか。

小澤　実は、防災関係ではもともと「減災」という言葉はあったのです。英語では「ミティゲーション」（mitigation）といい、アメリカなどの考え方ですが、それを日本の防災学者が取り入れて、「減災」と訳して使うようになってはいました。

　静岡県では、建物の耐震化を進めるなどの事前対策をして、災害が起きたときの被害を少なくすることと、災害が発生したとき、早期に対応して被害拡大を抑えることの両方の意味で「減災」という言葉を使っています。

■ 公共施設の耐震対策

榛村　小澤さんのさきほどのお話では、市民個々の地震への備えとして、夜間に在宅しているときに地震が起きた場合に焦点が絞られていましたが、地震は昼間に起きることも、もちろんあります。その場合、市の責任としては公共施設の耐震が非常に大事になってきます。

　公共施設というのは、市民全体のわが家です。その耐震は、市が責任を持たなくてはいけないので、私はそれについてずっと考えてきました。

　小・中学校の校舎についてはすべて耐震対策が終わり「これで安心」ということになったのですが、市内に10ある保育園には少し心配なところがあります。それから、水道管でまだ40kmほど老朽化した石綿管がありますし、中学校の体育館ではまだ耐震化ができていません。これを直すのは、新たに建てるのと同じくらい費用がかかるといわれているため、頭が痛いところです。

　それでも、東海地震の危機が叫ばれて以来、市民8万2,000人のわが家である公共施設の耐震化はかなり進み、災害対策本部となる市役所は

平成8年に移転して「絶対大丈夫」というものに建て直しましたから、その面での安全性は確保されました。

　自宅の耐震以外のこうした公共施設の耐震や防災については、静岡県内の状況はどのようなものだと、小澤さんはお考えですか。

小澤　県下でもまだ耐震化が不十分なところがありますので、特にランクの低い、問題のある建物を重点的に行いたいと思っています。

　公共施設の耐震診断をしてみたところ、A、B、C、D、Eというランク分けで最低を意味する「E」が若干ながら残っています。

　現在は、とにかくその「E」はなくそうということで努力を重ねている真っ最中で、県下の市町村にも「Eランクの建物はとにかく耐震化してほしい」と話をしています。県としてもその費用は市町村への補助金として優先的に扱われるようにと考えています。

■ 家ごとの倒壊危険性を知るには

市民　県の被害想定では倒壊家屋数や死亡者数の予想が出ていますが、その条件を細かく解説してもらうよりも、倒壊するかもしれない家屋に入っているのはどのお宅かといった具体的なことはわからないのでしょうか。

　そのほうが地震予知よりもはっきりして、こちらとしても対策が立てやすいと思うのですが……。

小澤　1軒1軒のお宅を精密に耐震診断を行えば、理屈の上ではできないことはないのですが、県下150万棟すべて耐震診断を行い、そのデータを集めるというのは、実際問題としてできるかといえば、現実にはそれが困難であることはご理解いただけると思います。

　われわれが行っている地震の被害想定というのは、まずある地域の建物について、いつごろに建てられ、しかも何階建てか、住宅・店舗・事務所・併用住宅などの用途の別、木造・鉄骨・軽量鉄骨といった基本構

造の別などに従って区分けをします。そのうえでその地域の震度のデータなどを入力して、その地域の建物全体の被災確率を出すのです。ですから、1軒1軒の家についてどうなるかということまでは出せません。

　図表は、掛川市の地震動および地盤の液状化による建物被害の想定です。

図表　掛川市の地震動および地盤の液状化による想定建物被害

区分	大破	中破	一部損壊
棟数／被災率	1,398棟／4.70%	3,792棟／12.80%	5,508棟／18.60%

総建物棟数29,623棟（データ収集基準日：1998(平成10)年1月1日）

　山・がけ崩れによる想定建物被害や延焼火災による想定被害も、掛川市だけではなく、市町村別に算出してあります。さらに市町村の何丁目のレベルまで図表のようなシートを作成してあります。項目によってはできないものもありますが、建物被害でいうと、地震動および地盤の液状化による想定被害と山・がけ崩れによる想定被害、津波による想定被害の3項目については、地区ごとの被災率を出してあります。

　したがって、町内ごとの揺れによる被災率が何%であるかがわかりますから、自分の町内の数字を見て現状を認識してもらうことが可能です。

　たとえば、自分の町内の揺れによる大破率が10%だということは、10軒のうち1軒が大破するということですから、その1軒に自分の家が入る確率がどれくらいであるかは、おそらく見当がつくのではないでしょうか。そういう使い方ができるようになっていますので、地区別の想定数については、市へ問い合わせてみてください。

■ リニューアル後の静岡県地震防災センター

榛村　ところで静岡県地震防災センターですが、2002（平成14）年に土先生のご指導のもとにリニューアルしました。現在、防災センターでど

ういったことを行っているのかを、土先生にお話し願いたいと思います。

土　まず、市民の皆さんにぜひご覧いただきたいのは津波コーナーです。掛川市の皆さんにとって津波はあまり身近ではないと思います。海が近くにあるといえばありますが、それほど間近にあるわけではない。そこで、津波とはどんなものかを知っていただくためにこれをつくりました。

　津波で命を落とす、あるいは大ケガをする方というのは、実は海岸部に住んでいる方より、海岸から離れた地域に住んでいる方のほうが多いのです。ですから、そういった観点からもぜひ一度はご覧いただきたいと思います。

　それからもう１つは地震の揺れのコーナーです。以前は横揺れだけでしたが、今回のリニューアルでは縦揺れも加わり、東海地震や阪神・淡路大震災の揺れ方も再現できるようになりました。

　静岡県ではこの25、26年の間、地震がほとんどありませんでした。つまり、静岡県民はその間に大きな地震の体験をほとんどしていないのです。そういう意味では、たとえば阪神・淡路大震災の揺れ方を疑似体験し、ご自分のなかで「地震とはこういうものか」と納得することができれば、心を新たに地震に対して取り組み直せるいい機会になると思われます。

　本当の地震のときのように、初期微動から始まって非常に大きく揺れるところまで体験できるようになっていますから、これもぜひ体験していただきたいと思います。

第3章
東海地震と木造住宅
木造住宅の耐震性の実際

東京大学大学院工学系研究科
建築学専攻教授
坂本 功

■ 阪神・淡路大震災がもたらした衝撃

　「阪神・淡路大震災」という言葉は、1995（平成7）年1月17日に兵庫県南部で発生した地震によって起きた大災害の公式な呼び方として、国が決めた名称です。

　この地震災害を「阪神大震災」と書く新聞もありますし、「関西大震災」あるいは「神戸の震災」と呼ぶ人もいます。さまざまな呼び方があるのはそれはそれで構わないのですが、国が地震災害に対して特別な施策を講じた際、あの地震によるあの被害だと特定するために、正式に名前をつけました。それが「阪神・淡路大震災」です。

　この阪神・淡路大震災を引き起こした地震にも自然現象としての公式名称があります。気象庁がつけた名称は「平成7年兵庫県南部地震」（以下、兵庫県南部地震）です。

　この地震によって非常に大きな被害が出たのは周知のとおりで、震度7の地帯が帯状——淡路島、神戸市、芦屋市、西宮市、宝塚市——に分布し、この地域の被害は特に甚だしいものでした。

「震度」とはそれぞれの場所が地震によってどれくらい強く揺れたかを示す指標のことで、気象庁が震度7と発表したのは、実はこの兵庫県南部地震が初めてでした。
　では、どうして兵庫県南部地震が初めての「震度7」になったのかということですが、それは1948（昭和23）年に起きた福井地震が大きく関係しています。
　福井地震が起きた当時、気象庁が決めていた震度階は「6」までしかありませんでした。ところが、あまりにも激しく揺れた地域があって、それまでの「6」では福井地震の揺れを表わしきれなかった。そこで、その地震の後に「震度7」が新設されました。福井地震自体の最高震度は「6」とされていますが、実際には震度7相当であった、ということになります。
　その後も、新潟地震や十勝沖地震、日本海中部地震など、たくさんの地震が起きて大きな被害をもたらしましたが、気象庁は一度として「震度7」を発表したことがありませんでした。つまり、気象庁からすれば、福井地震の揺れがあまりにも激しかったため「震度7」をつくったものの、その後の地震では震度7とするほどの強い揺れはなかった、ということだと思います。
　ところが、1995（平成7）年の兵庫県南部地震になって、初めて気象庁は「震度7」を発表しました。そういう意味で震度7の揺れというのは、当時、震度7という震度があれば福井地震が該当し、ほかには福井地震から約50年を経た兵庫県南部地震の2度しかないのです（注：その後、2004（平成16）年に起きた新潟県中越地震でも川口町で震度7が観測された）。
　ですから、この地震がいかに強烈な揺れであったかがご理解いただけると思います。

■木造建築の被害

　では、兵庫県南部地震が建物にどの程度の被害を与えたのか、ということですが、この地震では全壊と半壊をあわせて約20万棟という建物が壊れたと記録されています。

　この「20万棟」という数字には、当然、マンションやオフィスビルなども含まれますから、そのうち「木造建築がどれだけなのか」という正確な数字はわかっていません。ただマンションやオフィスビルに比べればもともと棟数が多いだけに、おそらくは「かなりの数が木造建築である」ということができます。

　亡くなった方の数は、地震後しばらく経ってから亡くなったいわゆる関連死も含めて6,000人を超えています。このうち地震が直接原因で亡くなった、つまり地震発生後数日のうちに亡くなった方は約5,300人で、その5,300人の約9割にあたる5,000人近くの方が、建物の下敷きなどになって亡くなったということがわかっています。

　無論、その数字の中には火事で亡くなった方もいます。ですが、その数はせいぜい500人程度、比率にして1割程度です。つまり、火事さえ起きなければ、より大勢の人たちが助かったのかというとそうではなく、事実としては約4,500人の方が火事が起こらなくても亡くなられているのです。

　もちろん、壊れた建物には木造建築だけでなくマンションやオフィスビルなども含まれますから、すべての方が木造建築の全・半壊によって亡くなったとは言い切れないと思います。

　ただ、兵庫県南部地震は1月17日午前5時46分という真冬の明け方に起きたため、大半の方は自宅で眠っていました。したがって、オフィスビルなどの勤め先で亡くなったという方は皆無ではないものの、ほとんどいません。また、マンションでの犠牲者は数十人規模でした。

　したがって、以上を総合すれば、地震直後に建物の下敷きになって亡くなった方のほとんどすべてが、木造建築（住宅）の倒壊によって命を

失ったといえるのです。このことから、どこにでもある木造住宅がいかに多くの人々を死なせてしまったかがわかります。

静岡県が東海地震対策として、特に木造住宅の耐震診断を重点的に行っているのも、こうした経験を踏まえてのことなのです。

■ 福井地震の教訓

では、当然のこととして、兵庫県南部地震が仮に日中に起きていたら「もっと助かった人がいたのではないか」という疑問が湧いてきます。「明け方に地震が起きたからこそ亡くなった人が多いのだ。日中であれば、（すぐに逃げ出せたであろうから）そんなに多くの犠牲者は出なかった」ということなのでしょうが、しかし私は「おそらく昼間でも同程度の死者が出た可能性がある」と思っています。

このことを、同じく震度7程度であった1948（昭和23）年の福井地震に置き換えて考えてみましょう。

この地震は、福井市を含む福井平野で起きた直下型地震です。マグニチュード(M)は7.1で、兵庫県南部地震のM7.2とほぼ同規模。亡くなった方の数は約3,800人となっています。

当時、福井平野に住んでいた人口と、1995（平成7）年当時の兵庫県南部地震の被害地域に住んでいた人口とを比較すると、1ケタほども違います。しかも、福井地震発生の日時は6月28日午後4時13分でした。

6月28日といえば夏至を過ぎたばかりで、そのころの4時13分（＝日本標準時。当時は夏時間を採用していたので5時13分）といえばまだ日中の範囲といえます。大部分の人々は戸外で活動しているか、あるいは室内にいたとしても寝ていたわけではなく、いつでも逃げ出せるような状態にあったはずです。

以上のような状況からすれば、福井地震によって亡くなった方が3,800名に近いというのは、疑問といえば確かに疑問なのですが、しかし、私

は次の2つのことが理由として関係していると考えています。

1つ目は、亡くなった方のほとんどが建物の中から逃げ出せなかったということです。

要は、地震の揺れ方があまりにも強烈で歩くことさえできなかった。つまり、人間は震度7という強烈な揺れに襲われると、歩くことも這うこともできず、まして逃げ出すことなど不可能だということです。このことから、本当に強い地震に見舞われたら、揺れている最中に「人は逃げ出せない」ということが指摘できると思います。

2つ目は、当時の木造住宅における耐震性の貧しさです。震度7という揺れを受けて、おそらくは10秒以内に倒壊したと推測されます。建物がこんなにも早く壊れてしまっては、仮に歩くことができたとしても逃げ出す時間はなかったと考えるべきでしょう。

正直なところ、どちらの要素が決定的だったかはわかりません。しかし、逃げ出せる余地があったのなら、何も3,800人近くもの方が亡くなるはずがない。そう考えると、福井地震の揺れ方がいかに強く、動くこともできないまま、たちまち木造住宅が倒壊してしまったかが想像できると思います。

おそらく同様のことは、兵庫県南部地震に関してもいえるでしょう。兵庫県南部地震はいわゆる直下型の地震ですから、初期微動がほとんどなく、突然、大きく揺れて、その大きな揺れが収まるまでに10秒間そこそこでした。つまり、わずか10秒足らずの間に多くの木造住宅が倒壊したわけですから、兵庫県南部地震が仮に昼間に起きたとしても、被害に遭われた方がすぐに逃げ出せたとはとうてい思えないのです。したがって、とにかく木造住宅は簡単に倒壊しないようにつくっておかないと人の命は救えません。

倒壊で死者を出してしまった木造住宅の大部分は、いわゆる在来構法による建物です。在来構法とは、古くから日本で家を建てる際に使われ

ているもので、普通に大工さんがつくる、どこにでもある建物——ツーバイフォーでもプレハブでもない木造建築——がそれによってつくられています。そういう建物が倒壊してしまったということが重要なポイントなのです。

■ 明治以降の木造住宅の歴史

そこで、今から木造住宅における耐震性について考えてみたいと思います。木造住宅の耐震性を考えるにあたっては、まずその原点ともいえる明治時代にまで話をさかのぼる必要があります。

明治時代から話を始めるのはあまりにも迂遠と思われるかもしれません。ですが、建築の分野における「耐震」という考え方は、現実に起きた被害にもとづき、そうした被害を防ぐためになされた研究の成果でもありますから、過去のことがわかっていなければ、現状が「どうしてそうなのか」がよくわからないことになります。

そこで、明治時代以降の流れについて簡単に述べてみたいと思います。

1. 西洋近代文明の流入

明治時代以降の建築には「力学」という学問的方法が導入されました。われわれがこの言葉にあまりなじみがないのは、日本にはもともと「力学」という言葉がなかったためです。力学とは、要するに建物の強靱さや耐久性、あるいはどの程度の衝撃に耐えうるかなどを考える学問のことで、主にヨーロッパで発達し、明治以降、日本に入ってきました。

それまでの日本では、建築におけるさまざまな工夫は大工の長年の経験にもとづいて行われてきました。それが明治時代以降に、従来の日本の考え方とはまったく違う、西洋的な意味での合理性にもとづいた考え方が入ってきました。それが「力学」というものです。

2. 濃尾地震で露呈した伝統構法の弱さ

木造建築に限らず、日本の耐震設計そのものを決定的に方向づけたの

は、1891（明治24）年に起きた濃尾地震でした。この地震は、Ｍ８程度と推定されており、日本の内陸部で起きた地震としては最大級で、岐阜県から愛知県にかけて甚大な被害をもたらしました。

建物の耐震性について考えるきっかけになったのはこの濃尾地震です。逆の見方をすれば、濃尾地震前までは「建物の耐震性についてほとんど考えてこなかった」といっても過言ではありません。濃尾地震の教訓から、力学という西洋的な考え方が取り入れられ、耐震設計をしようという方向づけがなされたのです。

さきほど、倒壊で死者を出してしまった木造住宅の大部分が「いわゆる伝統構法」であることは申し上げました。伝統構法とは、現代的な建築の考え方に従った方法ではなく、寺社や古い民家などのように、日本の昔ながらの建築方法を指します。伝統構法による建物には、何十年、何百年、なかには法隆寺のように千年以上も持ちこたえているものもあります。

そこで、これこそが「伝統構法が耐震的である証拠」であり、西洋からの知識で耐震性について考えなくても「日本では経験則から耐震的な建物がつくられてきた」とする考え方もあります。

それはそれで一理あるのですが、伝統構法による建物が十分に耐震的であるのなら、さきほど述べた濃尾地震の被害の大きさが説明できません。

濃尾地震が起きたのは1891（明治24）年でしたから、東京大学でも建築学科（当時は造家学科）がすでに設置され、その卒業生も活躍していました。そうした当時の学者や建築家たちが濃尾地震後の状況を調査しに行き、たくさんの木造建築が倒壊しているのを目撃して、日本の伝統構法では「とても耐震性は保てない」と判断したのです。

もし、このとき多くの木造建築が倒壊せずに耐震性を発揮していたとすれば、日本の伝統構法は十分に地震に耐えられると判断されたはずですが、しかし現実には倒壊により多くの人命が奪われてしまいました。

3. 筋交いと金物による強化

　結局、自然な流れとして提起された「伝統構法による建物の耐震性を強化するにはどうしたらいいのか」という疑問に対し、日本の大工からはその回答が出てきませんでした。そこで西洋的な考え方を借りて、とにかく地震に強い建物をつくるための安直な方法が取り入れられました。その安直な方法というのが、筋交いをつけて金物で固めるというものです。

　筋交いとは、四角く組まれた主要材の対角線方向に入れた部材をいいます（第1章図表17を参照）。壁の軸組（骨組）の中に組み込まれますが、必ずクギで打ちつけるか、鉄板をあてがって留めないと外れてしまいます。この固定に使うのが金物です。

　つまり、筋交いを入れて金物で打ちつけておけば、筋交いが補強の役割を果たすので伝統構法でも耐震性を高めることができ、それによって人命や建物を守ることができる、ということになったのです。

　実は、この方向づけが100年以上経った現在も続いています。

　さきほども申し上げたとおり、今でも昔ながらの木造建築はたくさん残っているのだから、西洋の構法に依存しなくても、日本の伝統構法で「十分な耐震性は保たれる」と主張する大工や研究者もいます。

　しかしこれは、歴史の事実から目をそむけた考え方です。伝統構法による建物は、地震に耐え抜いたものもあったが「大部分は耐震的ではなかった」というのが歴史的な事実です。

　そこで、西洋の知恵を借りてでも耐震的にしようとした。それが筋交いと金物で、今でも新しい木造住宅を建てるときは「筋交いを入れて、それが外れないように鉄板などをあてる」ことに変わりありません。

　こういった考え方が法律として義務づけられるようになったのは、さきほど申し上げた1948（昭和23）年の福井地震以降からでした。福井地震は数多くの死者と倒壊した建物を出しました。このとき倒壊した建物は、伝統構法そのものといった一般の木造住宅でした。

そこで福井地震の後になって、初めて筋交いと金物の使用が法律によって義務づけられるようになりました。1950（昭和25）年に建築基準法が成立し、同法において木造の建物にはしかるべき量の筋交いを入れて、それが外れないように金物で固めるという旨の規定ができました。ですから現在は、例外やバリエーションはいろいろあるにしても、木造住宅を建てる際は必ず柱の間に筋交いを入れて金物で固定しています。
　この法律は、施行後、数次にわたって改正されていますが、基本原則は変わらずに今も生きています。安直ではあるけれど、筋交いと金物を用いるのは確かに耐震設計の面で最も確実な方法となっています。

4. 構法の多様化

　一口に木造住宅といっても、その種類にはさきほど述べた在来構法やツーバイフォー（２×４）、木質系プレハブやログハウス（丸太組み）など、多様なものが含まれています。現在、普通に木造住宅を建てる場合、だいたい在来構法ないしツーバイフォー、もしくは木質系プレハブになります。
　「在来構法」は一言でいえば大工さんが普通につくる住宅で、これが最も多く存在します。別な言い方をすれば「軸組構法」ともいい、軸とは柱のことを指しています。ツーバイフォーやプレハブには原則的には柱がありません。ところが、在来構法は柱があることが特徴なので「軸組構法」ともいっているのです。この「在来構法」は、さきほどまで説明してきた「伝統構法」が、明治以降に変化してきて現在に至ったものということができます。
　それから「ツーバイフォー」は、北米から導入されたアメリカ的合理主義に満ちた構法です。２×４インチの製材を標準的に使用し、合板（ベニヤ板の厚いもの）にクギで打ちつけた床や壁によって建物をつくるというものです。好き嫌いはありますが、構造的には非常にすぐれた建物となっています。

「木質系プレハブ」は、厚い合板を枠材に接着剤で張りつけたパネルを組み上げたものが主流で、代表的なものはミサワホームのプレハブがそれにあたります。

ツーバイフォーも木質系プレハブも、まだ歴史が浅いせいもありますが、在来構法の住宅に比べると頑丈につくられていることが多く、これまでの災害では被害が顕在化していません。

1995（平成7）年に起きた兵庫県南部地震でも、木造住宅の下敷きになって亡くなった5,000人近くの死者の中に、ツーバイフォーや木質系プレハブの倒壊で亡くなった方がいるとは、私は聞いていません。

もちろんツーバイフォーや木質系プレハブでも、強烈な揺れによってテレビが飛んできたり、タンスが倒れてきたために亡くなった方はいます。しかし、住宅そのものの倒壊によって圧死したという方は、さまざまな報告書類などを調べても見つかりませんので、あったとしても例外的だと思います。

では、ツーバイフォーや木質系プレハブであれば必ず耐震性に優れているかというと、それはまた別問題です。むしろ、当時の被災地域のツーバイフォーや木質系プレハブが"たまたま優れていた"ということだと思われます。

ただ、いずれにしても、兵庫県南部地震で倒壊した木造住宅のほとんどすべては「在来構法の建物だった」という事実は否定できません。

■ 家は壁があるほど強くなる

福井地震の被害によって、1950（昭和25）年に建築基準法が制定され、筋交いと金物の使用が一般住宅の建築に義務づけられた経緯はさきほど申し上げました。

当然、どれくらいの量の筋交いを入れるべきかという計算方法——これを壁量計算といいます——もできています。壁量計算というくらいで

すから、木造住宅の耐震・耐風性の基本は「壁があること」が前提となります。考え方としては「壁がたくさんあるほど強い家」ということになりますが、確かにそれは事実なのです。

在来構法には柱がありますから、柱さえあれば壁がなくても屋根や2階を支えられます。地震や台風さえ来なければ、たとえ壁がなくても何の問題もありません。それゆえ日本では、江戸時代以前から柱はあっても壁がまったくない建物が建てられつづけてきたのですが、それでは地震などに耐えられないため、1950（昭和25）年以降は筋交いを入れるようになりました。

筋交いとは軸組に対し対角線上に入れた補強材なので、当然のことながら剥き出しにしておくわけにはいかず、その部分は壁としてふさぎます。場合によってはワザと見せる場合もありますが、たいていの住宅では筋交いを隠してしまいますから、筋交いを入れるとそこは壁になります。

したがって、筋交いが増えれば必然的に壁が増えるという図式になり、現在の新築住宅は、筋交いの入った壁をたくさん設けるほど耐震的になるというわけです。

■ 阪神・淡路大震災などの被害例

それではここで、阪神・淡路大震災など、いくつかの被害例をご紹介し、壁の「ある・なし」の影響などについてご説明したいと思います。

写真1は、一見するとビルが普通に建っているかのようですが、これは4階部分が完全に潰れてしまった「中間階崩壊」を写したものです。同じく**写真2**も神戸市役所の旧館（写真2の左側）を写したもので、6階部分が完全に潰れてしまい、その上に7階、8階があるという状況になっています。

この中間階崩壊ですが、兵庫県南部地震のときに非常に目立った被害で、それ以前の地震ではまず見かけませんでした。それゆえ、多くのマ

第**3**章 東海地震と木造住宅

写真1

写真2

スコミの方が「なぜ、中間階崩壊をしたのか」と研究者や学者などに聞いて回りました。その結果として、建物の耐震設計を行ううえで「上下方向の揺れ（鉛直方向の揺れ）は考慮されていなかった」という旨が大きく報道され、一般の方だけではなく、建築の専門家でさえも「設計をするときには上下方向の揺れも考慮に入れなくては」と思われている方がたくさんいるようです。

　確かに、さきほどの写真にあるような建物を設計する際には「建築基準法」という法律に則って設計を行います。その法律には、当然、耐震

基準はありますが、その基準が上下の揺れまで想定しているかといえば、実務的には想定していません。それを理由として「こういった中間階崩壊が起きたのであろう」とたくさんのマスコミでは報道していましたし、多くの方が「そのとおりだ」と思われたようですが、本当の理由は違います。上下方向の揺れによって中間階崩壊を起こしたという説は、兵庫県南部地震後数か月の間にほぼ完全に否定されました。

　本当の理由としては、やはり水平方向の揺れが大きかったのが主な原因であって、上下の揺れが多少なりとも建物に影響を与えたにしても、決定的な理由はあくまで水平方向の揺れに対する建物の強度不足にある、というのが現在の定説です。

　それから写真2の右側の建物ですが、実はこの建物の壁面は総ガラス張りになっており、すぐ隣で中間階崩壊を起きている、あるいはその界隈で潰れたビルがいっぱいあるなかで、ガラスは1枚も割れていません。

　よく、大きな地震のときには「建物の壁面に使われているガラスが割れて雨のように降ってくる」と心配なさる方がいるのですが、しかし、兵庫県南部地震で実証されたことは、こういう総ガラス張りのガラスというのは"滅多なことでは割れない"ということでした。では、なぜ割れないのか？　その理由は単純で「割れないように設計・施工してあるから」です。

　なぜ、そういう技術が開発されたかというと、契機として挙げられるのは超高層ビルの開発でした。ご存じのように、超高層ビルは風に吹かれる柳のように、柔らかくできていますので、いざ地震というときには力をうまく逃がして骨組が助かる仕組みになっています。

　ところが骨組はそれでいいかもしれませんが、壁面として使用されているガラスはそれでは困ります。骨組が地震でたわむのでは、壁面に使われているガラスは、結果として割れてしまうということになりかねません。

写真3

　そこで、ごくごく単純に申し上げれば、壁面に使用されているガラスはゴムのようなものでフワッと取り付けてあって、骨組がたわむことを最初から見込んで設計・施工されています。

　超高層ビルの開発のときにあわせて開発された技術ですから、そういった技術が普通のビルにも使われた場合、たとえ壁面が総ガラス張りであっても、まず割れることはありません。かえって割れてしまうのは、ごく普通の窓ガラスの類ということになります。

　写真3ですが、これは木造住宅の被害を写したものです。この写真は、特に被害の激しかった地域を写したもので、ご覧のとおり非常にたくさんの木造住宅が崩壊しています。写真4も同様です。日本全国どこにでもあるラスモルタル塗りの建物ですが、ご覧のとおり大きくねじれるように潰れています。

　写真5は割と閑静な住宅街を写したものですが、ご覧のようにほぼ軒並みに同様の壊れ方をしています。建物として見かけは立派だということと地震に強いということは関係ありません。写真がそれを証明しています。

　写真6はやや古い木造住宅を写したものです。この木造住宅でいえることは、ご覧いただいたとおり、端から端までほとんど壁がないという

写真4

写真5

写真6

写真7

写真8

ことです。この建物のようにほとんど壁がない場合、さきほど申し上げた濃尾地震の例を挙げるまでもなく、耐震性はどうしても低くなります。壁は、やはりあるべきところになければいけません。その肝心の壁がなければどうなるか、という姿を写したものが**写真7**です。建物としてはそんなに古くないはずですが、壁の量が決定的に少なく、結果としては倒壊寸前に至っていることがわかります。

そうかと思うと**写真8**のように、倒壊した建物の向こうでスックと建っている在来構法の住宅があります。ですから十把一絡げで「在来構法は悪い」と言うことはできないのです。

写真9

　次は**写真9**です。多少なりとも木造住宅に関心のある方は、写真9の右側にある建物の外観から「この建物はツーバイフォーかプレハブかもしれない」と思われる方もおられるかもしれませんが、この建物の持ち主に確認したところ「在来構法でつくられている」とのことでした。

　この地域は震度7の揺れに見舞われたところですが、おそらくこの建物は設計事務所の手によるものなのでしょう。壁にひび1つ入らず、内部にもほとんど被害がなかったということですから、一口に「在来構法」といっても、こと耐震性という面では健全なものとそうでないものによって千差万別の結果になることがわかります。

　写真10は1983（昭和58）年に起きた日本海中部地震の被害の模様を写したもので、この写真は秋田県八郎潟近くの建物を撮影したものです。この建物は潰れていませんが、ご覧のとおり、サッシのすき間の具合からかなり右に傾いているということがわかります。

　写真11は少しわかりにくいと思いますが、建物が乗っている基礎から建物が外れてしまった模様を写したものです。本当は写真に写っている基礎のところに建物が乗っていたんですね。そこが地震のときに揺さぶられてこんなに離れてしまいました。それから基礎が割れているところがありますが、地震前はそこにアンカーボルトという鉄の棒が刺さって

写真10

写真11

いました。そこが地震の揺れで割れてしまいました。

　なぜ、こんなふうに建物が外れてしまったかということですが、その理由は地盤の液状化にあります。液状化という現象は、地下水を含んだ砂の層が地震のときに揺さぶられ水のように液体状になるものをいいます。その現象によって基礎がまるで水の上に浮いているかのような状態になり、それで基礎が壊れてしまい、建物と基礎が外れてしまったということなのです。

　写真12は写真11とは別の建物を写したものですが、柱はまっすぐ立っているものの、床が甚だしく斜めになっていることがわかります。この

写真12

建物は液状化によって建物の中央部分が陥没してしまい、中央部分以外の周囲は残っているという壊れ方をしています。

　液状化という現象は、それによって建物が潰れるということはあまりないものの、いったん液状化が起きると建物は二度と使えないぐらいの壊れ方をします。その模様を写したものがこの写真です。

　写真13は、いわゆる伝統構法によってつくられた昔ながらの古い農家を写したもので、外から見ますとしっかり建っているかのようですが、中に入ると、差鴨居（さしがもい）というものが抜けかかっていることがわかります。この建物は潰れこそはしなかったものの、建物としてはもう使えない状態です。

　これまで、ところどころで伝統構法の話をしてきました。伝統構法の特徴は、柱があって、差鴨居という梁があることですが、構造上、どうしてもそこに力が集中して壊れることがあります。この**写真14**も、差鴨居のある柱にW型の白くなっているところがあるのがご確認いただけると思います。これは柱が折れかかっている証拠です。この写真は1978（昭和53）年に起きた宮城県沖地震のときのもので、当時の横浜国立大学の飯塚五郎蔵教授からいただいたものです。

第3章 東海地震と木造住宅

写真13

写真14

写真提供　元横浜国立大学教授飯塚五郎蔵氏

■ 歴史的木造建築物の真実

　それから写真15ですが、これは神奈川県の鎌倉にある円覚寺舎利殿という国宝を写したものです。ご存じのように、鎌倉は鎌倉幕府があった古い都市ですが、戦乱などにより古い建物はほとんど残っていません。唯一、現存しているのは室町時代に建てられたこの円覚寺舎利殿のみとなっています。

　こういった建物を実際に近くで見ますと、さすがに国宝だけあって「昔の建物はすごい。室町時代からいくつも地震があったろうに、それでもちゃんと建っているではないか」と思いがちになるのですが、事実は違います。

　写真16をご覧ください。この写真は円覚寺舎利殿が1923（大正12）年の関東地震によって倒壊した写真で、『鎌倉震災誌』（清川来吉、鎌倉町役場、1930年）という当時の報告書に載っているものです。屋根は見える

57

写真15

写真16

出典 『鎌倉震災誌』(清川来吉、鎌倉町役場、1930年)

ものの、ほかは完全に潰れてしまっているのがわかりますね。円覚寺舎利殿は、関東地震前にあったさまざまな地震には耐えてきたのでしょうが、残念ながら関東地震のときに倒壊してしまいました。

　ですから現在の舎利殿は、倒壊したそれを持ち上げて建て直したものであって、関東地震前に使っていた柱はほとんど再利用することができなかったことから、大半の柱はそれ以降につくられたものなのです。したがって、古い建物が現在もなお建ちつづけているからといって、その建物が過去に倒壊しなかったということとは無関係なのです。

第3章　東海地震と木造住宅

写真17

Photo. 2. A photograph of the main pavilion of the Tohdaiji temple early in 1900s.

出典　『国宝東大寺金堂（大仏殿）修理工事報告書』（奈良県教育委員会、1980年）

　写真17に関しても同様のことがいえます。この写真は1900（明治33）年ごろに奈良県の東大寺大仏殿の姿を撮影したもので、『国宝東大寺金堂（大仏殿）修理工事報告書』（奈良県教育委員会、1980年）に載っています。写真をよく見ますと、上段にある屋根に棒みたいなものが見えますね。

　現在の東大寺大仏殿は1705（宝永2）年に建てられたもので、ちょうどこの写真を撮影したときで建立から200年の時間が経過しています。ご覧のとおり軒が今にも落ちそうで、その対策として軒を支える柱を入れて崩れ落ちてこないようにしているのです。

　次は写真18です。これも同じく『国宝東大寺金堂（大仏殿）修理工事報告書』（奈良県教育委員会、1980年）に載っているもので、東大寺大仏殿の図面を写したものです。写真のちょうど中央あたりに「×」型が連続した梁が見えると思います。この×型の梁は、大仏殿の屋根が自らの重さによって垂れ下がってくるのを防ぐために、明治時代の中ごろにイギリスから輸入した鉄骨を×型に組んで大きな梁をつくったもので（この「×」型に組むことを「トラス構造」といいます）、そのトラス構造によって強度を確保しているのです。

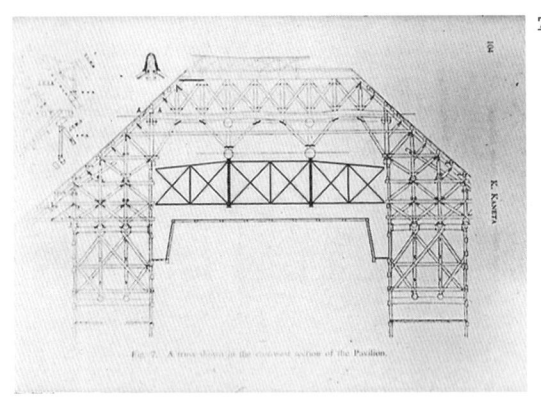

写真18

出典 『国宝東大寺金堂(大仏殿)修理工事報告書』(奈良県教育委員会、1980年)

　現在も昔の建物が残っているからといって、その建物が創建当時そのままの姿で建っているわけではないことが、この東大寺大仏殿の例からも読み取れます。
　奈良県法隆寺五重の塔や金堂にしてもそうですが、それら千年以上の時を経た建物が今日も現存しているからといって、そのことが伝統・在来構法の持つ耐久性・耐震性といったものと直結するとは限らないのです。
　むしろ、後世の人々が手をかえ品をかえて修理・補強をし現在に引き継いできたからこそ、「今もこの世にある」といえるのです。

60

第4章 ◎鼎談

地震に強い住まいを目指すには

木造住宅の耐震強化のポイント

東京大学大学院工学系研究科
建築学専攻教授
坂本 功

静岡大学名誉教授
土 隆一

[司会]静岡県掛川市長
榛村純一

■ 地盤の液状化と住宅の問題

榛村（司会） 静岡県の石川嘉延知事も、液状化と木造住宅の耐震性には強い問題意識を持っておられるのですが、液状化は具体的にどういう状況のところで起こるのでしょうか。

　掛川では静岡県の袋井より液状化が多く起こるだろうといわれていますが、液状化について、さきほどのお話に何か具体的につけ加えることがあれば、お願いしたいのですが……。

坂本 掛川市で液状化が起こりそうな地域のマップができているのは、皆さんご存知かと思いますが、掛川市の地形を見ると、山状になっている地域と、切れ込んだ谷状になっている地域とに、歴然と分かれていますね。液状化のマップによると、谷や平地状になっている低い地域では、おそらくどこででも液状化が起こるという予想になっています。そういう点から、東海地震であろうとなかろうと、強い地震があれば、掛川市では広範に液状化が起こって、相当の被害が生じると思います。

　私は建築が専門で、液状化問題を専門とする研究家ではないのですが、

以前にある大学の土質工学という講義で、地盤について学生に講義をしたことがあります。その際にこの液状化についてはかなり勉強しましたので、そのとき得た知識をもとにお話しします。
　液状化というのは地盤が液体のような状態になる現象を指します。現在は「液状化現象」という言葉が専門的な用語として定着していますが、以前は「流砂現象」などとも呼ばれていました。
　この液状化現象が、耐震の観点から意識的に捉えられたのは、比較的新しくて1964（昭和39）年の新潟地震のときでした。当時の新聞やテレビなどでご存知の方もおられると思いますが、たとえば新潟市川岸町にあった鉄筋4階建てのアパートは、ほとんど大きなひび割れもないのにゴロンと転がるような倒れ方をしました。このアパートの下の地盤が液状化してしまい、建物を支える力を失ったために、そのように傾いてしまったのです。要するに、建物を水の上に置いたようなもので、それで転んだのです。
　土木と建築それぞれの地盤の専門家が精力的に研究したおかげで、液状化が起こるメカニズムや、ある場所で液状化が起きるかどうかを判定する方法が、現在ではできています。どんな地盤で液状化が起きるのかというと、砂の地盤あるいは砂の層で、地下水より深いところにある地盤が液状化を起こしやすいといえます。さらにつけ加えると、砂地盤でも、砂の大きさがマチマチであったり砂利が混ざっていたりするのではなく、砂場に使うような粒のそろったものが堆積した層が地下水面よりも下にあって水浸しになっている、そういう条件のところで液状化が起こるということがわかっています。
　実は砂地盤というのは、木造住宅にとってはどちらかといえばいい地盤なのです。粘土の地盤はズブズブと沈み込んでいく可能性があるので良くないのですが、砂の地盤は、地震さえ起こらなければ一般にはいい地盤だといわれています。

しかし、ひとたび地震動を受けると、地下水を含んだ砂粒の層が揺さぶられることで砂粒同士の結合がはずれ、地下水の中に砂粒が浮いているような状態になるのです。要するに地盤全体が液体のような状態になります。

　たいていの場合、地表面の層は粘土など別の層で、その地下に液状化の起こるような砂の層があります。地下の砂の層が液状化してしまうと、上の粘土の層では陥没が起きます。全体が均一に陥没すればいいのですが、たいていは不均一な陥没が起きますから、上にのっている建物も真ん中だけが沈下したり、あるいは傾いて倒壊したりといったことが起こるのです。

　こうした現象だとわかっているので、地盤を掘って地下水がどこにあるかや、どんな砂でできているかなどを調べれば、その地盤で液状化が起こりやすいかどうかがわかります。そうした調査をもとに、掛川市でも液状化が起きる可能性のある地域のマップができています。

　建築工学上、液状化現象が耐震目的で意識的に研究されはじめたのは新潟地震以降ですが、自然現象ですからそれ以前から起きていたに違いありません。1944（昭和19）年の東南海地震のずっと後で、ある研究者が、主に袋井周辺で液状化が「起こったか・起こらなかったか」を、聞き書きや当時のメモ・手記などをたくさん集めて調べ、地震の際にどんなことが起きたかをプロットしたものがあります。すると、袋井の太田川流域の大部分で液状化が起こっているのです。「砂の層が地下水位より低いところにある地盤」などというと、一見特殊な条件のように思えますが、実は液状化というのは広い範囲で起こりうる可能性が高いのです。

　1995（平成7）年の兵庫県南部地震（阪神・淡路大震災）でも、実は液状化が起こっているのですが、新聞やテレビではあまり取り上げられませんでした。液状化が起きたのが、震度7地域以外の場所だったためです。震度7の地域は液状化を起こすような地盤ではありませんでした。

神戸の海岸部にはたくさんの埋立地がありますが、その中に砂を使った埋立地があったのです。新興の土地なので、新しい住宅団地ができていて、鉄筋のアパートや戸建住宅団地などが数多くありました。大手の住宅メーカー何社かが、十分に耐震的な新しい建物を建てていたのですが、そういうところで地震によって液状化が起きました。
　液状化が起こった結果、多くの建物が少しずつ傾いてしまいました。床の長さが1mあたり1cm傾いているのを「100分の1の傾き」といいますが、このくらい床が傾くと気分が悪くて住めません。結果として100分の1以上の傾きの建物がかなり多かったということがわかっています。100分の1程度傾いていても、外観からはまったくわかりませんが、実際に家に入ると床が傾いているせいで気分が悪くなります。マスコミの目にはとまらないけれど、その程度の被害の建物は調べてみるとたくさんあったのです。
　こうした建物は、下の地盤を掘ってジャッキで持ち上げて直します。外観からは壁の亀裂も何もなくほとんど被害がないのに、傾いていて、とても住めない。直すのに500〜1,000万円かかったと住宅メーカーではいっています。
　そういう意味で液状化は、個々の戸建住宅に関して人の命を奪うようなことはほとんどないものの、建物を台なしにするという点においては簡単に起きると私は思っています。

■木造住宅の耐震性のポイント

榛村　木造住宅では、たとえば土台や床、壁や2階の床、さらには屋根の重さといった耐震に関するポイントがあり、それぞれみな大切だとはわかるのですが、さきほど先生は特に筋交いについて強調されていましたね。
　木造住宅の耐震性のポイントとして、ほかに気をつけるべきことや、

自宅での簡単なチェックポイントなどがあれば、挙げていただけないでしょうか。

坂本　新築であれ既存建築であれ、木造住宅でポイントになるのは、液状化地盤の場合ももちろんですが、そうでない場合でも「基礎」がきわめて大事となります。基礎は一般の方には「土台」と呼ばれているもので、建物の一番下のコンクリートでできた部分を指しますが、建築の専門家はこれを基礎と呼んでいます。コンクリートでできた基礎をいかに頑丈につくるかが耐震性のひとつのポイントです。

　なぜかというと、基礎の下にある地盤は土か粘土か砂です。米国のニューヨークなら岩盤の上に建物を建てられますが、こういった条件は日本ではほとんどなく、たいていはフワフワした地面の上に建っています。地盤が家の重さに耐えきれずに沈下した場合、四隅の沈下量に差が発生し（建築用語では「不同沈下」）、窓の開閉ができなくなったり、壁にひび割れが起こったり、また柱や床が傾斜したりします。そういうことが起こらないようにするためにも、建物の足元である基礎はしっかり固めておく必要があるのです。以上のような意味から基礎というのは非常に重要です。

　古い木造建築の場合、玉石という丸い大きな石を地面に埋め込み、その上に柱を直接建てます。これが日本の伝統的な建物の建て方で、今でもお寺などはそうして建てています。しかし、地震で揺さぶられると柱が玉石を踏み外してしまい、もともとは１間1.8ｍだった柱の間隔が２ｍになったりする。足元のつなぎの部材も外れてしまい一体性がなくなる。すると建物全体の骨組がバラバラになるので倒壊してしまいます。現時点では、基礎、つまりコンクリートでできている部分はできるだけ頑丈につくるのが鉄則です。

　そうした基礎の上に建物がのります。そこでの基本は筋交いと金物ですが、そのバリエーションとして合板（数枚のベニヤ板を木目が互いに直

交するように貼り合わせたもの）をクギで打ちつけてツーバイフォーのような壁にすると、筋交いと金物のかわりになります。この合板の壁は、現行の法令にも取り入れられていますし、特に既存の建物の補強にはかなり効果があります。

　屋根は兵庫県南部地震でもいわれましたが、とにかく軽いにこしたことはありません。ただ、あまり軽いほうがいいといいすぎると、日本の伝統的な文化である瓦を否定することになってしまうのですが、筋交いの量を変えられないのなら屋根が軽いほど地震に強いことは確かです。

　というのは、地震の際には横から押すような力がかかるのですが、その力は屋根の重さに比例するのです。屋根が重いほど地震でかかる力は大きい。だから、屋根の重さに応じて筋交いをたくさん入れられればいいのですが、それが無理であれば、屋根は軽いほうがいいということになります。

■ 液状化対策は不可能なのか

榛村　液状化に対しては、建物の耐震化にあたるような予防対策はできないのですか。

坂本　ある程度はできます。たとえば新潟地震のときには、液状化して傾いてもおかしくないビルが大丈夫だったことがあります。なぜかというと、足元を固めるためにビルの周囲に鉄板をたくさん打ち込んであったのですが、どうもそれが効いたようで、地盤を拘束したために液状化が起こらなかったということです。

　ただ、個々の住宅のレベルでは液状化はまず止められません。ですから、液状化が起こってもその影響がすぐ骨組には出ないように、まず基礎を固めておいて、いざ地震のときにその基礎が傾いたら、持ち上げてもとに戻す以外に方法はないと思います。

榛村　土先生は地質がご専門ですが、この点はいかがですか。

土　よくいろいろな方から「この地域は液状化するかどうか」と質問をされますが、それは見ればわかります。そこで、私はむしろ坂本先生におうかがいしたいのですが、液状化する場所では建物の基礎をしっかりとしておけば「多少の液状化なら大丈夫だ」といっていいのですか。質問を受けた場合には、そのあたりはどう答えればいいのでしょう。

坂本　基礎をしっかりつくっておけば、沈下が起きても全体が均一に沈みます。一方、基礎がしっかり固まっていないと沈下が不均一となり家が傾くのです。基礎はコンクリートでできていますが、鉄筋が少ししか入っていないと、基礎は折れます。すると、ある柱の下の基礎は沈下しますが、そのほかは残るということになり、柱の足元がバラバラになります。そうなると、当然、その上の壁や柱にも影響が出てアチコチが壊れるのです。

　だから、基礎を固めてさえおけば、少なくとも土台から上の骨組は助かりますから、基礎の部分だけをもとに戻せばいいことになります。基礎を直せばその上の部分は自動的にもとに戻ります。液状化の場合でも、基礎をがっちりつくってさえおけば、液状化が起きて傾いたとしても、基礎全体をもとに戻すだけで建物が助かります。

　もちろん少々費用がかかりますが、それでも基礎がいい加減で建物全部を建て直さなくてはならなくなるよりは、ずっと安くすみます。

土　地震でケガをする率も、そのほうが当然少なくなりますね。

坂本　もちろん、少なくなります。

■ 地盤の悪い土地での基礎の打ち方

市民　家の近所に田んぼを埋め立てた宅地があり、地元では「ここは液状化するだろうか」と心配しています。坂本先生のお話では、粘土の地盤も良くないということなのでよけい心配になったのですが、そういう田んぼを埋め立てた宅地の場合、どのような対策をしておいたらいいの

でしょうか。

　それから液状化の対策として、基礎工事を「ベタコン」という全体を均一にコンクリートで打ってしまう方法があるようですが、これはどういう効果があるのかを教えていただきたいと思います。

坂本　今のご質問に対するお答えですが、以前に田んぼだった土地は、おそらく表層から1mくらいまでの部分は地盤が非常に悪いはずです。その下に、さらに液状化するような砂の層があるかどうかはわかりませんが、ごく大まかに申し上げれば、田んぼだった土地はもともと低地ですから、地下水も浅いところを流れていると考えなければなりません。砂の層もきっとあるでしょう。つまり、液状化を起こす条件が揃っているといえますから、液状化を起こす確率はかなり高いといえます。

　また、田んぼであったということは、地盤はおそらく粘土質のフワフワしたものと思われます。したがって、液状化を起こさなくても沈下しやすく、かつ建物を支える力に乏しいものであると考えられます。当然、そのままでは建物は建ちませんから盛土をしますが、もちろん盛土をしてから100年、200年と経っているわけではないので固まり方も十分ではない。つまり、もともとフワフワした地盤の上に、さらに軟らかい地盤をのせるようなものですから、地盤としてはかなり悪いと考えざるを得ません。

　そこに、たいして鉄筋が入っていない、ごくありきたりの布基礎（詳細は次頁）をつくると、地震が来なくても基礎が折れ、床が傾くことがあります。事実、こうした被害による紛争（いわゆる欠陥住宅問題）が、今や日本中で起こっています。ですから、液状化以前の問題として、ご質問のような土地は地震がなくてもトラブルになる原因を内在していることを、まずは知っておいていただきたいと思います。

　しかし、そういったところにも安全な建物を建てるのが建築工学の使命ですから、丈夫な基礎をつくる方法として「ベタコン」、専門用語で

は「ベタ基礎」という工法を選択します。「ベタ」とは「全面すきまなく」というような意味です。建物ののる範囲のすべてに厚いコンクリートの床板をつくり、板全体で荷重を受けようというものです。

通常、住宅を建てる場合は「布基礎」といって、柱が載る土台の下に沿って、帯状にコンクリートを打ちます。ですから、部屋の真ん中にあたるところは、コンクリートがなく土が見えています。

家の重さを支えるために、重さをいったん柱を介して土台で受けてからコンクリートの基礎に伝えますが、コンクリートの基礎はさらにその重さを地面に伝達するために、踏ん張りがいるので広げてあります。これを「フーチング」といいます。

人間の足も同じですが、上からの重さを支えるだけならスネの部分だけでいいのですが、地面と接する足の裏は幅が広がっています。岩盤のように地盤が良好であれば接地面を広げなくてもいいのですが、コンクリートでできた基礎の多くは下が広くしてあります。広くしてあっても幅は決まっていますから、部屋の真ん中などは土が見えてしまう。これが布基礎といわれる典型的な基礎の打ち方です。

布基礎でもしっかりと設計すればかなりの強さが出せるのですが、地盤が悪ければ悪いほどフーチングの面積を増やす必要がある。すると建物の下全部がコンクリートだらけということになりますから、それなら「いっそコンクリートの厚い板にして基礎を一体化してしまえ」というのが「ベタ基礎」の考え方です。

ベタ基礎は、さきほども申し上げたとおりコンクリートの板全体で建物の荷重を支えるので、仮に液状化が起こっても、コンクリートが壊れない限りは建物全体が傾くくらいですみます。

ただ、気をつけていただきたいのは、一見するとベタ基礎に見えるのに、実はそうではないものがあるということです。

建物の床下は、地下から湿気が上がってきて溜まるために、木が非常

に腐りやすくなります。そこで、地下からの湿気を遮断する工夫として、最近はポリエチレンのシートを建物の下全体に敷き込む方法がよくとられます。そのポリエチレンのシートを固定するために、コンクリートを流しこむことがしばしばあります。

　本当の基礎は土台の下にしかないのですが、コンクリートそのものは全体に敷いてあるように見える。でき上がってしまうと、ベタ基礎なのか、単なるポリエチレンのシートの固定なのかわからないものがあります。ですから、そういった点は注意して業者に施工を依頼する必要があります。

■ 建増しした2階は地震に強いか

市民　私の家は築40年以上ですが、もともと平屋だったものに、建てて6年目に6畳二間とトイレ・押入れを含む2階を増築しました。

　その2階は、平屋の上に2本だけ通し柱を足した「おかぐら」によって建てられています。土地ももともとは田んぼだったところですから、こういった条件を考えると地震があった場合にどうなるか心配です。2階を壊そうかとも思うのですが、今さらそれも迷われます。こういった家で生活をする場合、何か工夫というか、ご参考までにご意見などをお願いできますか。

坂本　「神楽」もしくは「おかぐら」というのは通称で、いろいろな意味を持ちますが、多くの場合、今おっしゃったような平屋の上に2階を増築することを指すようです。

　ところで、大変お答えしにくいのですが、率直に申し上げて非常に危険な建物ですね。なぜかというと、仮に最初に平屋として建てたときには、筋交いも壁の量も十分であったにしても、2階を建て増すとその荷重がプラスされ、結果としては不十分ということになるからです。

　たいていの場合、2階の増築に対応して1階に筋交いを足すとか、壁

を増やすといったことはほとんどないようです。もともと１階はそのままで快適な住まいになるようつくられています。そこに２階を建てるからといって壁を増やし、わざわざ快適さを損ねるようなことをしないのが、残念ながら大半のケースになると思われます。すると、１階を無補強のまま２階を建て増し、結果として強度不足に陥ってしまうことになります。

　兵庫県南部地震のときに高齢者がたくさん亡くなられましたが、それには理由がありました。調査によると、高齢者の方は階段が大変なので、１階に寝室があるケースが多かった。１階は１階自身と２階の屋根と床も支えなくてはいけませんから、その分だけ地震の力も大きく作用し、当然、１階のほうが潰れやすかった。それで犠牲者が増えたということになります。

　ですから、生活するうえでせめて寝室だけでも２階にするなどの工夫はすべきですし、ご質問のように「おかぐら」であるのならなおさら、そういった工夫を心がけられるべきだと思います。

地盤改良という選択肢は

市民　さきほど、地盤が弱くても基礎を頑丈にすれば、大きな地震があったときでも修復できるという話がありましたが、地盤そのものの改良も大切ではないかと考えているのですが、これはいかがでしょうか。

　私は建築関係の仕事をしており、これまで木造住宅に携わってきたなかでは、全体に擁壁をつくり、田んぼの土もいい土質のものに入れ替えて盛土をし、その上にベタ基礎を行うといったことなどをしてきましたが、坂本先生は地盤についてどのようなお考えかをお教え願えますか。

坂本　まず地盤ですが、液状化そのものを止めるような改良はかなり難しいのではないかと申し上げましたが、今のお話のとおり地盤の土を入れ替えることはできます。ほかにも、薬品で土を固めるという技術も開

発され、薬剤による地盤改良も最近では一般化しているようですから、それを活用できるでしょう。

それでもダメな場合は、やはり杭を打ち込むことになると思いますが、たぶん杭を打っても液状化自体は起きるので、液状化の被害がまったくなくなるとまではいえないと思います。杭を打てば、地盤が軟らかいゆえの障害はある程度減らせるといった感じになるのではないでしょうか。

■ 負担の少ない耐震診断と建物の補強

榛村 山本敬三郎元静岡県知事が、私に住宅の耐震診断と簡単な補強の重要性をよくおっしゃいます。1,000万円の貯金があっても、家が壊れてはどうしようもないのだから、100〜300万円くらいで耐震診断と簡単な補強だけでもできるような対策を徹底させなければ、ということなのです。

掛川市には1万7,930戸の木造住宅がありますが、そのうち約8,600戸が旧耐震基準で建築されています。東海地震に備える際、こういう住宅でも最低限の補強をすれば少なくとも人命に問題はないというような、簡易な診断方法はないものでしょうか。

坂本 静岡県が「プロジェクトTOUKAI（東海・倒壊）─0（ゼロ）」で行った「『地震から生命を守る』2001しずおか技術コンクール」というのは、実はそういうことを狙ったものです。建物全体を補強するのはかなり大変な作業でかつ費用も膨らみますから、何とか簡単に耐震対策ができないかというアイディアを募集したのです。

入賞作では、1部屋だけ鉄カゴのような鉄骨フレームを組み、その部屋だけは何とか潰れずにすむような役割を持たせるというシェルター的なものがありました。耐震グッズの受賞作では「防災ベッド」といって圧死を防ぐものもありました。

建物全体の補強は確かに費用がかかります。耐震の目的のためだけに

改修工事をしようという人がほとんどいないというのは、なにも静岡県だけの話ではなく、他県でもだいたい同様の問題を抱えているようです。

かといって、そのまま放置しておいてもまったく進歩がありませんから、増改築、外壁の張替えやリフォームなどの際に、それを契機として耐震補強を進めるのが最も現実的ではないかと思っています。

逆説的ではありますが、一般の木造住宅で耐震性を重視してつくられたものは、どちらかというと、そうでない建物より安くできあがります。なぜかというと、建物は壁が多いほど耐震性が高い。壁が多いということは窓が少ないということですから、窓の値段と壁の値段を比較した場合、圧倒的に窓の値段が高いだけに、窓の少ない家は安くできるという理屈が成り立ちます。

したがって新築の場合、耐震的に建てるのは非常に簡単なことです。では、それがなぜ補強の場合は難しいかというと、後から筋交いを入れるには壁をはがさないといけない。そういう理由があります。

建物はいずれ古びてきます。ヒビ割れがいっぱいあるような古くなった外壁をはがして、サイディングなどを張ってリフォームしようとした場合、中の骨が見えます。そういうときには安いお金で耐震補強ができますから、発想としては、まずリフォームから考えて、それとセットで耐震補強も行うようにすれば、もう少し期待が持てるかもしれません。

榛村 人間は命が一番大切なのに、どうして耐震補強だけでは家を直さないのでしょうかね。

坂本 いつ来るかがわからないというのが最大の理由でしょうか。

土 地質の専門家としても、住宅の耐震性となると非常に判断が難しいのは事実です。地盤はある程度わかるにしても、その上にどういう住宅が建つかは別問題ですから。

私も、なぜ多くの方が住宅の耐震性に関して検査をしないのかという点をやはり考えます。さきほど坂本先生は、地震が「いつ来るかがわか

らないというのが最大の原因」とおっしゃいましたが、側面としては確かにそれもあるにしても、地震があっても「わが家は大丈夫」と思っていらっしゃる方が少なくないのが原因と考えているのですが……。

　私は、地震は「いつ来るかがわからない」だけに、自分の家の耐震性はどの程度かを簡単にでも見てもらうようにしたほうが、長い目で見ればいいと思っています。耐震性に問題があったらいくらでも補強できるようになってきた時代です。お金のことを先に考えるよりも、まず自分の家の耐震性を進んで調べるようになってほしいと思います。

榛村　実は、耐震診断に関しては、人様に申し上げるばかりでなく私も率先してやらなくてはと、自宅の診断をしてもらいました。専門家が来ていろいろと教えてくれるので、それだけでも勉強になりますよ。耐震診断は非常にいい体験であり、かつ非常にいい学習になると思います。それに耐震診断には補助金が出ますから、それほどお金はかかりません。

　ただ、お医者さんにガンと宣告されるのが嫌だから「病院に行かない」という理屈と同じで、耐震評価が低くて家を直すことになるのが嫌だから「診断を受けない」という方がたまにいらっしゃいますが、それは本末転倒ですから止めていただきたいですね。

　もっと軽く、あくまでご自分の勉強のつもりで耐震診断を受けていただければ、耐震に関する裾野がもっと広がるような気がしてなりません。

第5章

東海地震と津波被害

津波の個性と防災のポイント

岩手県立大学総合政策学部
総合政策学科教授
首藤伸夫

　津波の研究を長年しておりますと、津波に関して多くの方が「誤解なさっているな」と思うときがあります。たとえば、津波がもたらす人的被害の問題です。

　今日、ここにお越しの方の多くが「掛川には津波の脅威などありえない」とお考えになっておられるかもしれません。しかし、本当にそうお考えになっておられるのなら「それはある意味で違いますよ」と申し上げておきます。

　1983（昭和58）年の日本海中部地震の津波犠牲者の多くは、実は沿岸住民ではありませんでした。また、私はときどきアメリカ西海岸の津波対策をアドバイスしていますが、現地の方から「津波警報が出たときに浜辺にいる人々に避難勧告を出しても、簡単にその意味を理解してくれないのが悩みの種だ」と聞いたことがあります。

　ですから、津波がもたらす被害というのは、何も沿岸住民の方に限っての話ではないのです。むしろ、違う場所からお越しになっている方もそれに含まれる、というのが津波の持つ危険性のひとつなのです。

津波について老若男女を問わず多くの方々にその特性を理解してもらうことは、実はいま申し上げたような観点から大変意義のあることといえます。

■ 津波の実態

　まず、いくつか実例を挙げながら津波とは何かを解説します。
　1946（昭和21）年にアリューシャン津波という非常に大きな津波が発生しました。この津波は同年のある日未明に起こった高さ30mのいわゆる「巨大津波」です。
　実は、その津波が去った翌日のアリューシャン列島のウニマック島（アメリカ）で、容易には信じられないある事が起きました。その島には高さ18mの鉄筋コンクリートでつくられた、基礎と上部構造がつながれていない比較的新しい灯台がありました。その灯台は、海面上10mの地盤の上に立っていたのですが、津波はそれより2m高かったため、一撃のもとに灯台は倒され、当夜当直だった5人とともに跡形もなく消えてしまいました。
　このアリューシャン津波は太平洋を広がっていきました。津波の波長（ある波と次の波との距離）は長く、100～300km以上もあります。太平洋は大変深いようですが、平均水深わずか4.2kmです。波長数百kmの津波に対してたった水深4kmというのは、ちょうど水たまりに石をポトンと落とすと、周囲に広がる水の輪と同じような状態になります。要はそういう状態に匹敵するような速さと強さで太平洋を渡っていったとイメージしていただければ結構です。
　津波は、同日朝10時半ごろにハワイへ到達しました。ハワイでは地震を感じていませんでしたが、陸から見ていると「どうも海の状態がおかしい」と小中学生たちが気づき、警告を発したのですが、大人は子供たちの言うことをまったく聞き入れませんでした。

津波のほぼ9割はなんらかの海の異常が先行して起きます。したがって、海の異常に気づいたらまず逃げるのが命を守る鉄則のひとつですが、せっかく子供たちが警報を発してくれたにもかかわらず、大人がそれを信じなかったため、さまざまな悲劇が起きました。津波が起きたのは1946（昭和21）年4月1日でエイプリルフールだったため、子供たちが何を言っても「どうせエープリルフールの冗談だろう」と誰もまともに聞かなかったのです。

　ハワイのヒロ港では津波に飲み込まれる寸前の作業員の姿が写真に写されています。大爆発を起こす危険があるダイナマイトの積卸しをしていた船が、「津波で流され衝突したりすると危ない」と必死に操船して危険を避けるよう努め、やっと一息ついたときに船の上から撮られた写真があります。写真に写っている方は命を落としました。津波の起きたアリューシャンで亡くなったのは灯台の5人でしたが、ハワイでは159人が命を落としました。

津波の変形のパターン

　実は、津波が沖にあるときにそれに気づくのはほぼ不可能です。水深200m以上の深さでは、津波はまったく気がつかれない場合が多く、気がついた場合でも、津波に向かって操船すれば、まず遭難するということはありません。したがって、津波が来るという警告があると、漁船などは沖へ持っていきます。

　実は海上保安庁も一時大きな船は沖へ持っていけという指導をしたことがあります。沖では大した津波でなくても、陸上に来ると、先述のように高さが30mにまで成長するおそれがあります。そうなると、水が勢いをつけて陸上に走り上がってきます。

　陸に近づいて浅海になるに従い、津波の形態は**図表1**に示した3パターンに変化していきます。

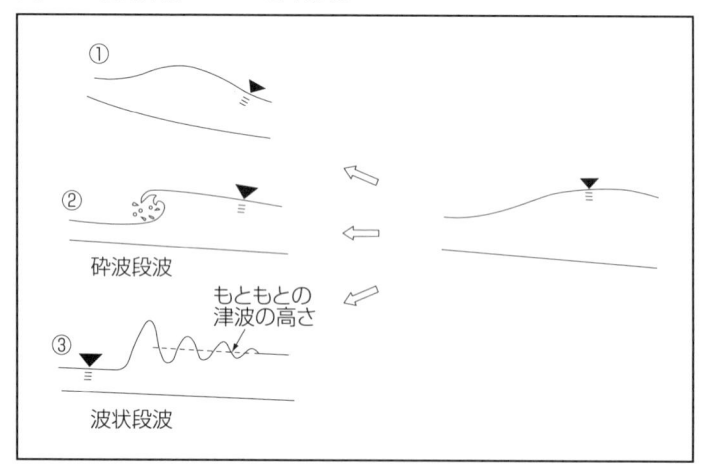

図表1　浅海津波の３つの基本形態

　最初は、①のように沖にあるときと同じような形ですが、やや波長が短くなり、潮汐（干潮・満潮）の速いものに近い状態になります。
　さらに陸に近づくと、②のように前方と後方とで高さに段差ができ、前面頂が砕ける「砕波段波（さいはだんぱ）」となります。
　砕波段波のおそろしい点は、砕波の背後で水位が高いまま維持されている点です。日常的に岸辺で見る風波の砕波では、波が砕けると波高が４割ほど下がりますが、津波の砕波段波の場合、低くならないどころか、場合によってはさらに高くなる可能性さえあります。
　条件がわずかに違うと③の「波状段波」となります。②と同様の段波ですが、波長100m程度の波がひとりでに発生し、それによって次第に津波の波高が高くなっていきます。元の津波高の約２倍の高さに成長することもあります。
　たとえば、先に示したアリューシャン津波の場合、②の砕波段波でした。1983（昭和58）年の日本海中部地震津波でも、青森県の十三湖に浸入していった津波で典型的な砕波段波が観察されています。

1854（安政元）年の安政東海地震の津波が御前崎に迫った様子を記述した古文書によると、「津波ハ東南ノ沖ヨリ来リ海上拾七八里ノ先ヨリ大山ノ如ク漸次陸地ニ近ツキ本村ノ岬頭ノ平地ヲ浸水シ直チニ北方即チ駿河湾ニ向テ進行セリ」とあり、「海潮ノ来ル前海水凡（およそ）直立五六間モチ上ガリタル由（よし）」とあります。つまり、前面が屏風のように切り立ち、5～6間(約9～11m)ほど立ち上がったというのです。

　この安政東海地震津波が天竜川に入り、川を逆流するときは、実にすさまじかったようです。当時の文献によると、海岸から3kmほど離れた天竜川の東のほとりでも、水の高さが平時より4mほど高くなったと記録されています。この現象は、図表1の②と③のどちらのパターンだったかはわかりませんが、いずれにせよかなり激しかったもののようです。川の中では、津波は波状段波などになりがちで、1960（昭和35）年のチリ津波が北上川に浸入した際にも、比較的短い波が重なって平均的な津波高が高くなる波状段波になりました。

■ 津波が大きくなるメカニズム

　津波を理解するための物理的なメカニズムは、**図表2**の曲線に表されます。縦軸が津波のスピード、横軸が水深ですが、津波の伝播速度はその平方根に比例します。

　太平洋の平均水深を約4,000mとすると、4,000×10の平方根で、毎秒200mの速さで津波は進むことになります。これは時速720kmにあたり、ほぼジェット機並みの速さです。ところが、たとえば駿河湾などに入ると水深は約4分の1の1,000m程度なので、伝播速度は遅くなります。

　また、伝播速度は津波内で常に均一ではありません。紙でつくった筒を転がした場合を思い起こしてみてください。左右の太さが均一な筒はまっすぐに転がります。これは左右の回転速度が同じだからです。しかし、メガホンのように片方が細くもう片方が太い筒を転がすと、直進せ

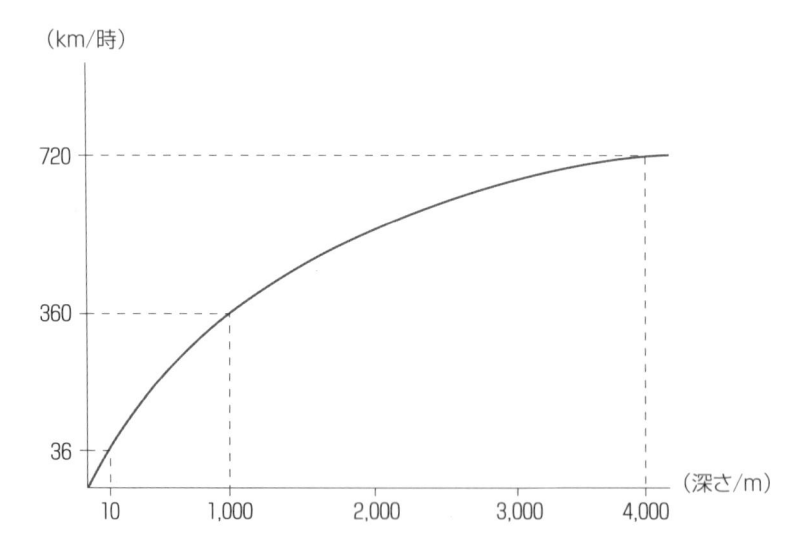

図表2　津波および津波エネルギーの伝播速度

(km/時)

720

360

36

(深さ/m)

10　　1,000　　2,000　　3,000　　4,000

ずに曲がって、回り込んでしまいます。太いほうが速く進み、細いほうが遅れるからです。津波も同様に、水深の浅いほうにさしかかった部分は遅く進み、水深の深いところは速く進むので、浅いほうに回り込んできます。この現象を「屈折」といいます。

　日本海中部地震津波では、陸上への打上高は最高で15mに及びました。リアス式海岸のような地形なら津波が大きくなるのもわかりますが、この高さに達した地域は55kmも続く起伏のない海岸です。この場合、沖の地形が問題です。前述のとおり、波は浅いほうへ曲がり込むため、浅瀬があるとそれが津波を集める凸レンズの働きをし、打上高を大きくするのです。

　このとき、津波の襲来回数に関する証言で、大変おもしろいことが起きています。秋田県の男鹿半島の崖の上にいた人は津波は「１度しか来なかった」といいましたが、崖下の人は「２度来た」といいます。

　実は正しいのは後者で、最初の津波は崖の上からは見えなかったので

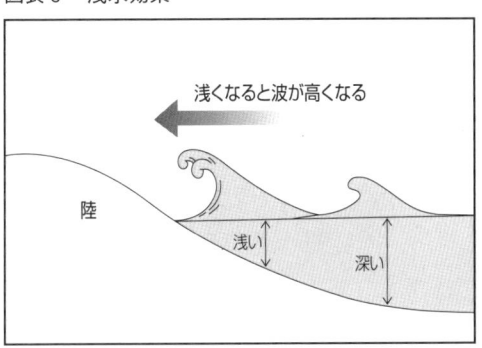

図表3　浅水効果

す。その津波ははね返されて沖へ戻ってから、また浅いほうへ曲がり込みました。はね返されては浅いほうへ曲がり込み、またはね返されてはと繰り返したため、実は男鹿半島では2波だったのに対し、秋田県の能代の沖合1km近辺で船にいた人は、津波は少なくとも「7回来た」と証言しています。このように、津波は地形条件によって、場所ごとに変わります。

　静岡県の久能山東照宮に安政東海地震津波が押し寄せたとき、東照宮の御神徳があったとの言い伝えがあります。久能山に押し寄せてきた津波が、麓で2つに分かれ、沖へ戻っていった。さかのぼれば、1707（宝永4）年の宝永地震津波の際も同じことが起き、しかも東照宮の神殿の扉が、突然開くとハトが飛び出し、そのハトが飛んでいった方向に津波が分かれていった。なるほど「昔も同じことがあったのだ」と、安政東海地震津波を記録した古文書に、この話も記されています。これはまさに、屈折が関与した現象と推察できます。山下の水深が深く両側が浅ければ、波は両側2方向に逃げていくはずです。御神徳というよりは、そうした地形に久能山東照宮を置いたおかげであったと解釈できます。

　津波が陸地に近づいた際、波が高くなるのには2つのメカニズムがあります。1つは浅水効果です（図表3）。沖のほうは水深が深いので津

図表4　集中効果

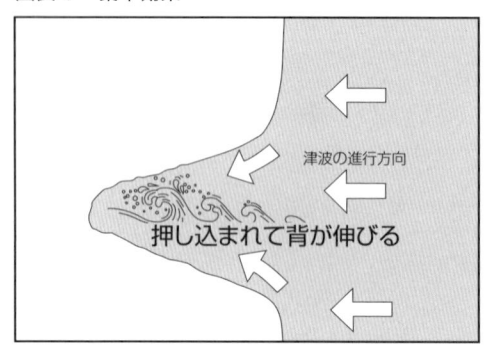

波は速く進みますが、岸に近いほうは浅いためわずかしか進みません。すると、後ろの波が追いついてしまうため、エネルギーを一定に維持するために津波の背は高くならざるを得ません。したがって沖でせいぜい1～2mだった津波が、岸に近づくと10～15mにまで発達します。しかも、ただ高くなるだけではなく、水そのものにも勢いがつき、岸に走り上がってきます。

たとえば、波に10mの高さがあったとすると、そのまま水平に10mの高さまで陸を上るわけではなく、速度をつけて駆け上がって、25mまで達することが頻繁にあるのです。津波にはそうした性質があることを忘れてはなりません。

もう1つは集中効果です（図表4）。リアス式海岸が津波の際に危険なのは、広くて深い海から浅くて幅の狭い湾へ押し込められるからです。しかも、津波の波長に比べて湾の幅がごく短いと、波のエネルギーの集中が起き、両側から圧縮された状態になって、津波はさらに高くなります。

■ 津波到達直前の前兆現象

津波は地震の後に起こりますが、津波が近づく際、どんな前兆があるのでしょうか。

まず、異様な海鳴りがあります。これは高さ2.5m以上の砕波段波が出す連続音です。昔は「石臼をゴロゴロひく音」あるいは「全速力で走る蒸気機関車の音」などといわれました。最近の外国の例では「大型トラックやダンプが十数台一緒になってこちらに向かって走ってくる」「大暴風、スコールがこちらに近づいてくる」と表現されます。こうした音響がしたら、高さ2.5m以上の津波が来ていると考えてほぼ間違いありません。

　青森県では「地震海鳴りほら津波」といい、地震があって異様な物音がしはじめたら津波が来ている警告と捉えています。自然が発してくれる警報に対する知恵です。

　ほかに音の前兆としては、異様な大音響があります。昔は「艦砲射撃の音」といわれましたが、最近は「遠くで大きな発破をかけた音」あるいは「遠雷」と表現されます。高さ５m以上の段波が崖に衝突すると、非常に大きな音が発生し、かなり遠方まで聞こえます。この音は大津波が迫っていることを示すものです。1933（昭和8）年の昭和三陸大津波の際、岩手県と宮城県の県境では、遠雷のような音が3度聞こえ、その後津波が来た。ところが山に囲まれた地域ではこの音はまったく聞こえなかった。こうした地形による差で、聞こえないこともあります。

　もう1つ、不思議な音があります。津波が起こるメカニズムを単純化すると、広範囲の海底地盤が隆起・沈降するせいで、その上の海水が上下に震動し、これが津波となります。振動した海水が海面に出る瞬間に、爆発音のような音を発しますが、同時に海底の水が急激に隆起します。それが周辺に波及して津波になるのですが、隆起後はまた沈降します。

　海水が隆起する際の爆発音を現実に聞いたのは、1854（安政元）年の南伊豆に暮らしていた人です。その人は、当時、伊豆加茂郡三浜村伊浜の高燈籠山の上で、安政東海地震で津波が発生した瞬間の駿河湾の模様を目撃し、それについて書き残しています。これだけ明確な記録が残っ

ているのは、世界でもただ1つです。

　この記録によると、「地大（おおい）ニ震フ」とあり、その後に「西方ニ爆声ヲ聞ク」、つまり、駿河湾の内部ですさまじい音がした。すると、巨大な水柱のごときものが海面に隆起して、空に上ってたちまち真っ黒になった。それが巨大な水輪となって、下田と駿河湾のほうに向けて進行していった。水柱が立った部分は、たちまちお盆のように低くなると、しばらくしてまた水が盛り上がりまた下がり、それを数回繰り返してやっと海上が静まった、ということです。

　実際に津波のシミュレーションを行うと、まったくこのとおりに、波を起こした部分で水面が上下するのが確認されます。

■ 津波による被害の実態

　最近は津波による犠牲者は大変少なくなりました。津波に関する知識が広がったことがその理由のひとつです。1983（昭和58）年の日本海中部地震津波のときにはさまざまな形で死者が発生しました。図表5を見ると、港湾従事者が40人とかなり多く、釣り人や小学校遠足の犠牲者も無視できない数となっています。農作業中の犠牲者もいますが、こうした人々がなぜ一命を落としたかについて考えてみます。

1. 釣り人

　浜名湖の入り口には導流堤があり、釣り人がたくさんいます。陸地から船で釣りに来て、夕刻にはまた船で戻りますが、津波が来ると逃げ場がありません。

　日本海中部地震津波のときには、岩場で釣りの最中に津波にのみこまれ、結局、一命を落とした方がいます。

　また、この津波では陸地から離れた護岸上で工事をしていた人々も津波にさらわれてしまいましたが（図表5）、こうした海上構造物上の人々は逃げ場がないため、100％波にさらわれ、約半数が命を落とし、助かっ

図表5　日本海中部地震津波での死者

港湾従事者		40
	能代港	34
	能代港見回り中	1
	鰺ヶ沢赤石漁港	3
	小泊漁港見回り中	2
漁業作業中（出漁中、陸揚中など）		19
釣り人		21
外国人観光客		1
小学校遠足		13
そのほか		6
	放牧の牛を見に	1
	農作業中	1
	浜小屋で作業中	1
	家族を浜へ迎えに	2
	漁業取引で浜へ	1

た場合も無傷は10％程度で、残りはみな負傷しています。また海上構造物から100m離れた海上では、大型船の乗船者は全員無事でしたが、小型船の乗船者では転落17％、死者3％、負傷17％でした。

　では対策ですが、まず釣り人の場合、必ず救命胴着を着用することです。現在では漁業者に救命胴着の着用が法律で定められており、漁港でも注意が促されています。釣り人には強制はされていませんが、津波対策としては着用するべきです。

　また、磯釣りをしていると、震度4程度の地震があっても揺れを感じません。なぜなら、揺れる海面を見ているせいで、海面が揺れたのか自分自身が揺れたのか区別がつかないからです。

加えて、海を向いているため陸地から呼びかけても聞こえません。津波の直前には海水が引くことが多いのですが、水が引いて糸が引っ張られると、獲物がかかったと勘違いしてしまいます。ようやく危険に気づいても、高価な道具を置き去りにできないため、即座に逃げられず、津波に巻きこまれることが多いのです。

　救命胴着なしで津波に巻きこまれては、まず助かりません。なぜなら、津波は普通の風波とは違い、海面から海底まで水が激しく渦巻いているため、いったん巻き込まれたら、水面が間近に見えるからと必死にもがいても、浮かび上がれないのです。

　役に立つのは救命胴着か、場合によっては獲物を入れるアイスボックスです。これらの浮力を借りることができれば、浮かび上がれます。浮かび上がったら、磯場の場合はもう岸には寄らないでください。なるべく磯場の激しい流れに巻き込まれないように、しばらくの間、海上を漂流する覚悟をして沖へ出てください。下手に巻き込まれて叩きつけられたら、ケガをするか気を失うかして、もう助かりません。

　したがって、磯釣りの最中に津波の接近に気づいたら、救命胴着を身につけて姿勢を低くし、なるべく防波堤の上にへばりつくような姿勢をとってください。そうしないと、津波の力で倒された瞬間に激しくたたきつけられたり、あるいはコンクリートブロックの間に腕を挟まれたりします。救命胴着を身につけ、津波の力をなるべく受けないような姿勢をとり、万一波にさらわれたら、硬い構造物からはしばらく離れる覚悟をする。待っていれば、ヘリコプターの捜索などさまざまな方法で救援が来てくれるでしょう。

　秋田県つり連合会が示している「釣り人を守る8則」を挙げておきます。

① 地震即津波と思うこと
② 救命胴着を着用すること
③ 小型ラジオやポケットベルを持参すること

④　津波と思ったら、身体1つで逃げること
⑤　船では沖へ逃げること
⑥　海に落ちたら長靴や衣類を脱ぐこと
⑦　津波警報の正しい知識を持つこと
⑧　津波の速度は飛行機並であることを認識すること

2. 地元不案内者

　1983（昭和58）年の日本海中部地震津波では、地元のことをよく知らない人たちも、大勢犠牲になりました。ある小学校の遠足の児童たちが遭難し亡くなられたのは秋田県の加茂青砂という場所でした。その浜辺で弁当を食べるためにバスを降りたのですが、ちょうど地震が起きたときはバスで移動中だったため、実際には地震をあまり感じることができませんでした。

　さらに、その小学校は山奥の小学校だったため、地震の後に津波が来るという予測も思い浮かばなかった。津波で船も打ち上げられましたが、防潮堤があるので、家屋はほとんど守られました。しかし、防潮堤の前面にいた児童たちは亡くなられたのです。現在は石碑があり、亡くなった方々のお名前が記されています。

　そのときにもう1つの悲劇が起きています。秋田県の男鹿水族館に新婚旅行中のスイス人夫妻が訪れていました。このとき妻のマクダレーナさんという方が亡くなられて、現在はマリア・マクダレーナという名の碑が立っています。夫は岩に駆け上がってなんとか助かりました。「津波だから逃げてください」と呼びかけたものの、言葉が通じなかったため、逃げられなかったのです。

　アメリカ西海岸でも、最近5年ほど津波に対する警戒心を高めています。かつて1700年の1月下旬に大津波がありましたが、そのころの西海岸にはアメリカン・インディアンしか住んでいなかったので、津波の記録は口頭伝承でしか残っていませんでした。

写真1

しかし、この津波が広範な被害をもたらしたというさまざまな証拠が発見されたのです。しかもその証拠は日本にもかなりありました。その地震で起きた津波が日本にも及び、和歌山県の田辺周辺、あるいは岩手県の宮古周辺にも被害を及ぼしています。

特に岩手県の宮古では地震もないのに津波が来て、家がなぎ倒され、出火し、30～40軒が焼失しました。地震にともなう火事の記録としては最古のものです。

　そのためアメリカ西海岸では対策を講じなくてはいけないと考え、道路標識に津波の際の避難の方向を示すマークをつけたのですが、これをひっくり返したり、場合によっては海の方向に向けるというイタズラが後を絶ちません（写真1）。設置から4年の間に避難マークの二十何％もが紛失していますが、要するに住民のほとんどが津波を知らないため、大変珍しいマークだからと持ち帰って、自宅の居間などに飾っているらしいということです。

　西海岸の風光明媚な観光地のひとつであるキャノン・ビーチを訪ねたところ、消防署長にあたる方が「日本はいいね」と私にいうのです。なぜかと聞くと、「日本人はすぐわかってくれるから」と次のような話をしました。

　あるとき津波の避難勧告が発せられ、浜辺にいる人たちを全員避難させるように命令が下りました。そのなかに日本の中学生がいて、いくら英語で説明しても通じないので、消防署長は一言「ツナミ」と言ってみた。するとアッという間に、その中学生たちは高い場所を目指して逃げていったというのです。

　言葉がわからない人や地元に不案内の人に対して、どこへ逃げるべき

かがわかるようにすることは重要なことなのです。

■ 津波からの避難のポイント

ところで、津波が来る前にはいったん潮が引くから「それを確認してから逃げればいい」といいますが、本当でしょうか。

1960（昭和35）年のチリ地震津波の際、宮城県女川町では足元まで津波が来たのものの、走って逃げて間に合いました。1968（昭和43）年の十勝沖地震津波でも、岩手県の釜石の魚市場前では、第3波で潮が引いて、普段は見えない海底が露出したので、これを見に人々が集まりましたが、第4波が来たら全員が逃げて、逃げきれました。

しかし、いつもそううまくいくとは限りません。1983（昭和58）年の日本海中部地震の際の青森県の十三湖岩木川河口では、釣り人が犠牲になっています。波の高さは、建物についた痕跡を利用して測ってみるとわずか70cmです。その程度でも、さきほども述べたように、津波のときは水が駆け込んでくるため、追いつかれてなぎ倒されるのです。9人中3人が命を落としました。チリ地震津波や十勝沖地震津波のほうがもっと水の厚みがあったのに、岩木川河口ではわずか70cmで悲劇が起こったのです。

強い地震の後には、ほぼ確実に津波が来ます。何かにつかまらないと立っていられないような、思わずへたり込んでしまうほどの地震が起きたら、その後すぐに、少なくとも20m以上の高さがあるところに逃げてください。これでかなり安全です。ただし、津波が20mを超えることもあるので、逃げたらもう一度海の状況をよく見て、必要があればさらに高いところまで逃げてください。これで9割のケースは被害に遭わずにすみます。

しかし、これが通用しない場合もあります。日本近海では、揺れが小さいのに、津波が非常に大きい地震も起きています。死者約2万2,000

人を出した1896（明治29）年の明治三陸大津波がその例です。

　通常、地震の規模と津波の大きさは比例します。しかし明治三陸大津波では、地震が小さいのに津波は大きかった。海辺での最大震度が2でそれ以外は震度1だったため、この程度の地震では「津波は来ない」と思い住民が逃げ遅れたのです。アッという間に2万2,000人が命を落としました。こうした例が約1割あります。

　また、津波の前には必ず海水が引くわけではありません。日本海中部地震津波直前の秋田県畠漁港では、漁港の中は非常に静かで、漁港の外に渦が1つあるだけでしたが、このあと突然5mほど水位が上昇し、津波が来たのです。

　それから、海さえ注意していればいいのかというと、実は地形によっては津波が山から来ることもあります。1611（慶長16）年に東北地方を襲った慶長地震津波では、岩手県の大浦への第1波は山から来ました(図表6)。非常に希な例ですが、地形によりこうした場所もあるということは、記憶しておく必要があります。

　ハワイのホテルでは、各部屋に置かれた電話帳に津波発生の際の危険箇所の地図が掲載してあり、「警報が間に合わないことがあるかもしれませんが、激しい揺れは自然が発した津波警報なので、何はさておき、この危険地域からは避難してください」と書いてあります。

　日本では、地震や津波の危険があると「観光客が来なくなるのでは」と気にすることが多いのですが、危険のない場所だと偽って観光客を誘致するよりも、万一のときには安全な場所へ誘導する用意ができている場所だといって観光客を呼んだほうが、いいはずです。

　岩手県陸前高田市の海岸では、海水浴客も参加して毎年避難訓練を行っています。1964（昭和39）年に地震と津波で甚大な被害をこうむったアラスカのスワードという町では、観光客向けに地震の映画を上映しています。美しいフィヨルド海岸とともに、地震の記録を観光の目玉に

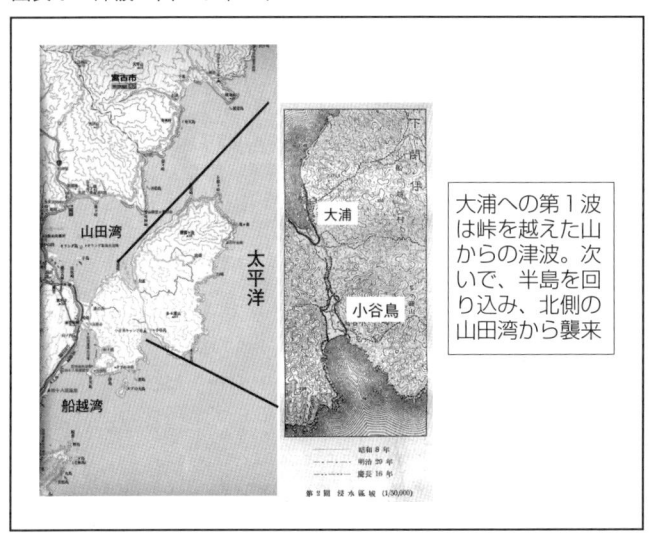

図表6　津波が山から来るケース

大浦への第1波は峠を越えた山からの津波。次いで、半島を回り込み、北側の山田湾から襲来

しているのです。

　海辺に行くときは、強い地震の後には津波が来ることを決して忘れないでください。また、前兆のつかめない津波があることも、念頭においておいてください。

■ どこに避難すればよいか

　静岡県の場合、**写真2**のようなマークがある建物は、避難ビルとして使用できます。目安としては、鉄筋コンクリート造の3階以上の建物です。1、2階ではなく3階以上ならかなり安心です。津波の場合はこうした避難ビルの3階以上に逃げてください。

　鉄筋コンクリート造がかなり丈夫だということは、過去の例からもわかっています。1908（明治41）年にイタリアのメッシーナは、3m近い津波に見舞われましたが、やはりコンクリート造の建物のおかげで、漂流物がせきとめられ、生き残ることができました。津波のときに怖いの

写真2

はこうした漂流物です。

　チリ津波では、流された船が家をつぶしてしまったり、港に置かれていた木材が家屋をなぎ倒してしまった例があるほどです。倒された家屋がさらに別の家を倒し、ドミノ現象を起こします。これが怖いのです。

　1993（平成5）年の北海道南西沖地震津波では、北海道の奥尻町青苗地区が壊滅しました。特に青苗5区は西からの第1波で瞬時に壊滅し、残りの地区は東から回り込んだ第2波と火事で破壊されました。しかしその中で2軒の鉄筋コンクリートの建物が残っています。海辺にあった魚市場の鉄筋コンクリートは、1階は破壊されましたが、2階は無事で、救援本部として使われました。また、漁協の冷蔵施設も、押し流された家と漁船をせきとめて、きちんと残っていました。こうした建物をつくると津波に強い町になるのです。

　さきほど述べた日本海中部地震津波で農作業中の方が亡くなった場所は、田んぼでした。防潮林があるため、そこからは海が見えません。しかし津波は防潮林を超えて2kmほど入ってきました。

　菊川河口の大東総合運動場の中に松林がありますが、それが海をさえぎって津波が見えない場合があるでしょう。砂丘の影で海が見えない場所などである場合、地震直後にうまく情報を得て逃げるにはどうするかは、課題であろうと思います。

■ 津波が起こるメカニズム

　津波は地震から発生しますが、地震は、海洋プレートと陸のプレートの間でスリップ現象などが起きると生じます。現にどのような断層運動

があるかを知れば、地震の規模や範囲はある程度予測可能です。では、地震によって発生する津波も予測できるかといえば、そうとはいえません。

1960（昭和35）年のチリ津波では、チリ沿岸で発生した津波が22時間半かけて海を横断して、日本に到達しました。そのとき最初に起きた津波は、波長700km、波高10m弱だったと推定されています。日本までの距離は約1万7,000kmで、波長700kmの約23倍です。つまり、わずか23波でチリ津波は太平洋を渡ってきてしまったのです。

前述の安政東海地震津波発生時の記録に、震源の水面が隆起と沈降を繰り返したとありましたが、同じ現象がチリ津波でも起きています。津波はまず太平洋上を広がっていきますが、ハワイを通過したあたりから、日本へ向かって集中します。なぜなら地球は丸いため、チリで発生した津波が太平洋上へ拡散しても、最終的には地球のちょうど反対側の日本に集まってくるからです。しかも23波で到達するので、勢力はほとんど衰えず、カムッチャカから沖縄までの間も5〜6mの波高を保っていました。

この津波による被害は、震源地チリでは最高津波高25m、死者1,000人、被害額5億5,000万ドルに達し、ハワイでは最高津波高が10.5mと半減し、死者61人、被害額7,500万ドル、津波が最後に集中した日本では、死者142人、罹災者16万人、被害額が350億円と、当時の国家予算の2.2%が失われました。

チリ津波の時間経過による水位を数値シミュレーションから計算すると、計算値と実測値がほとんど一致します。このように震源が遠い場合の津波の影響については、かなり容易に予測できます。問題は、日本近海で発生した場合です。

1993（平成5）年の北海道南西沖地震津波は、北海道の奥尻島の沖合で発生した地震によるものです。この津波の初期波形については、諸説があります。1983（昭和58）年の日本海中部地震でも、地震の初期波形

にもとづいた計測では、海底鉛直変位（地震で海底面が鉛直方向に変位する大きさ）は約1.5mと推測されたのですが、それでは近くの海岸で起きた津波を説明できず、実際は約4m、すなわち鉛直変位を約2.3倍も修正する必要がありました。

そのうえ、現実の津波到達時刻は計算値より10分も速かったことも明らかとなりました。チリ津波の場合は、津波の到達する時間について、計算値と実測値が5分も違いません。ところが、この日本海中部地震津波は目と鼻の先で起きたにもかかわらず、計算値が10分も違ってしまった。なぜ計算より10分も速かったのかについては、まだ定説がありません。このように、近くで起きた津波というのは、大変扱いにくいのです。

■ 東海地震で想定される津波被害
1. 津波の高さ

東海地震が起きた場合、何分後に津波が来るかについては、かなり正確にわかります。では、津波の高さはどうでしょうか。安政東海地震の津波のときは、下田港に停泊していたロシア船が押し流され、津波で壊されています。次の東海地震での下田の浸水範囲の予想がありますが（図表7）、これは安政東海地震津波での浸水実績にもとづいています。

そこで、下田での安政東海地震津波を計算で再現して、この実績と一致するかを検証してみましょう。

計算はメッシュを用いて行います。まず最初に、メッシュを800mごとにして答えが得られるよう計算をしてみます。そうすると、下田のところでは計算結果と実績の間に食い違いがあります。次にメッシュを400mごとにして答えが出るよう、少し詳しく計算しました。下田のところでも計算結果と実績がかなりよく合うようになりました。では、「もっと精度を上げよう」としてメッシュを100mごとにして答えが出るような計算にしてみたのが図表8です。かえって違いが大きくなりました。

第5章 東海地震と津波被害

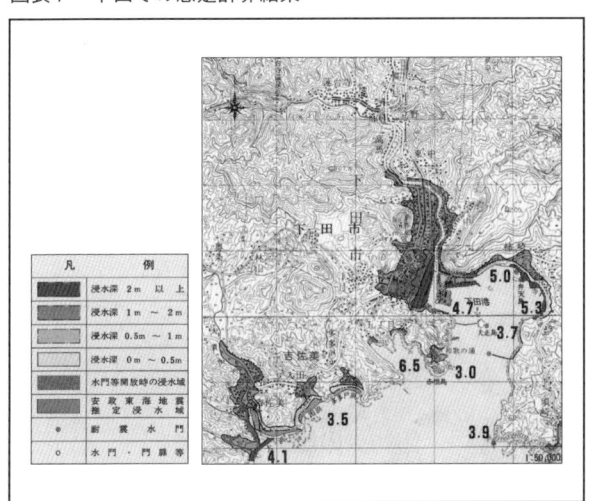

図表7 下田での想定計算結果

図表8 過去の実績と津波の浸水範囲予想

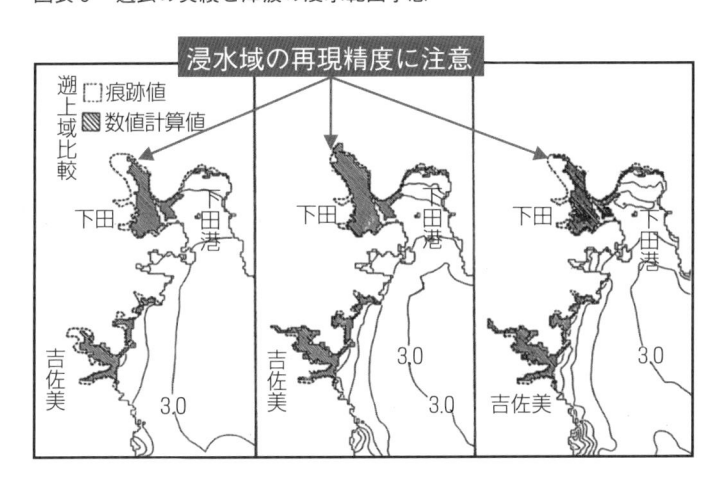

数値計算ではこういうことがよくありますが、原因がどこにあるかはわかりません。

以上は過去の津波の再現ですが、将来起こる津波を想定したときに、本当に正確な計算ができるのでしょうか。細かいメッシュ計算をしたからといって、必ずしも現実と一致しないのは今の例からもわかります。計算したというと、いかにも科学的で信頼できるように聞こえますが、実際はそうでもないのです。

1933（昭和8）年の昭和三陸津波の高さを、岩手県宮古市鍬ヶ崎（くわがさき）で詳細に測った調査があります。計測場所が150mも離れると、津波高が3mほども違います。1993（平成5）年の北海道南西沖地震津波を、北海道奥尻港内に残された津波痕跡で計測しても、50mおきで計測すると波高差が2mも違う場合があります。こうした差は数値計算では出せません。しかし、わずか50m横にずれると人の生死にかかわるほど、津波の高さが違ってくるのです。

2. 砂の被害

細かな津波高の違いがシミュレーションできないことのほかに、津波で生じる激しい渦も数値計算ができません。

静岡県の下田では渦のせいで船が30分間に42回も回転したという記録があるのですが、それは数値計算では再現できません。したがって、その流れで運ばれる砂についてもわかりません。また安政東海地震では、静岡県の三保の松原近くにある真崎あたりの耕地の大半は、砂礫に埋まってしまったという記録があります。しかし、こうした現象を数値シミュレーションの技術で評価することはできません。

津波による砂の被害で最大の記録は、私の知る限りでは静岡県の南伊豆町入間にあるもので、それによれば安政東海地震津波の後に、高さ8mの砂丘ができたといいます。昭和20年代に水道工事のためその丘の周辺を掘ると、平地との境から昔の家の跡や人骨が出土したので、記録は

事実だと確認されたのです。

　浜名湖湖口の今切（いまぎれ）は、1498（明応7）年の大地震で砂州が切れて、海とつながったといいますが、それだけ砂が動けば切れて当然です。このため浜名湖の奥の細江や気賀でも、津波が浸水して泥田の被害が生じるようになりました。海の近くではなくとも、油断はならないのです。

■ 津波に対する総合的な対策

　現在の津波対策では、過去に起きた最大の津波、および予想される最大地震による津波のうちの大きいほうを対象とします。

　対策手法としては、防災施設を設置し、普段から津波に強いまちづくりを行い、防災体制を強化するという、3つを組み合わせて総合的に行います。

1. 防災施設

　防災施設となる構造物には、さまざまなものがあります。たとえば岩手県田老町は「津浪太郎」と呼ばれる、1933（昭和8）年の昭和三陸津波で甚大な被害に遭いましたが、現在は防潮堤、津波防波堤、津波水門のほか、河川堤防も嵩上げしたうえに、避難場所・防災の情報を伝えるシステムなども整備しています。つまり防災施設と防災体制と津波に強いまちづくりを連動させて、津波に対処しているのです。

　田老町の防潮堤はつくられてからすでに100年ほど経ち、防潮堤の上には草が生えています。そんな古い防潮堤では津波に効果がないのではと懸念されるかもしれませんが、1968（昭和43）年の十勝沖地震による津波が宮古湾の奥に襲来した際には、防潮堤のおかげで津波は完全にはね返されました。むしろ、防潮堤は古さではなく高さが問題なのです。

　1993（平成5）年の北海道南西沖地震津波に見舞われた北海道奥尻町青苗地区では、4.5mの高さの防潮堤がありましたが、家屋は壊滅して

写真3

後から付けた階段

　しまいました。津波は防潮堤より5mも高かったのです。津波がそんなに高くては防潮堤は何の効果も果たせません。
　防潮堤で気をつけることは、浜にいる人々のための逃げ道を確保することです。階段を可能な限り多くつけて、どこから逃げればいいかがはっきりわかるようにすることです（写真3）。
　防潮堤さえあれば完全に津波の被害を防げるのかということについて、岩手県の島越でシミュレーションが行われています。
　8mの高さだった防潮堤を「14mにしてほしい」という地元の要望を受けて、そのための工事を行うことにしたのですが、その防潮堤に対して明治三陸大津波――約2万2,000人の方が一瞬に生命を奪われたあの津波――クラスのものが来たらどうなるかというシミュレーションをしたところ、津波は防潮堤を乗り越えてしまいました。この規模の津波を防ぐには、予定よりあと8m高くして22mにしないと防げないとわかりました。
　さらに津波が引いていくと、防潮堤の内側にたまった海水の抜け道がありませんでした。深い場所では10mほどの深さの海水たまりができてしまいます。したがって、防潮堤をつくったら、それを乗り越えた水の処置まで考えなければいけないということもわかりました。

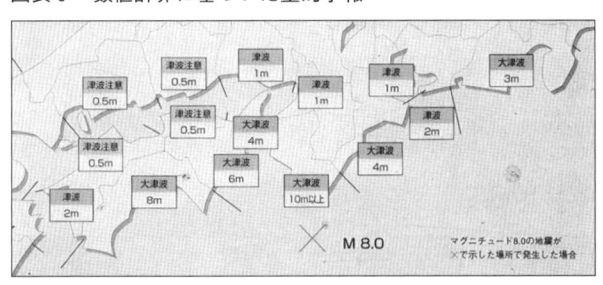

図表9　数値計算に基づいた量的予報

出典　気象庁

2. 津波予報と警報

　日本の津波対策の目玉のひとつは、気象庁が行っている津波予報です。
　1999年（平成11年）4月から、津波の予測を従来の経験式にもとづく方式から、コンピュータ・シミュレーション技術を用いた数値計算にもとづく量的予報に改めました。これは世界で最も進んでいて、沿岸各地での津波の高さと到達時刻をあらかじめ計算し、その結果である約10万例をデータベースに蓄積してあります。地震が生じ、その大きさがわかれば、即座にどこの海岸でどんな規模の津波が起きるかが予測できます。
　予報では、各予報区における津波の高さと到達予想時刻を発表します。静岡県なら、遠州灘、駿河湾内部、伊豆半島などの3か所ほどにわかれるでしょうが、それぞれの沖合での平均的な津波の高さが予報されます（図表9）。
　前述のように、津波が岸に近づいてきた場合、沖の地形によって波高に違いが出てきます。さらに陸地に来ると、集中効果で勢いをつけて走り込んできたり、岩や壁を乗り越えたり脇へ逃げたりと、地形による差が出てきます。ですから、予報では4mの津波というのだから「6mの堤防があるから大丈夫だろう」などとは思わないでください。あなたのいる場所だけは8mになるかもしれないのです。津波予報の数字を見るときは、このことを思いだしてください。

また、津波の高さが20cmを超えないと津波注意報は出ません。そのかわりに「わずかな海面変動があるかもしれません」という表現になります。海水浴の際には、このことに注意をしてください。20cm程度の津波は、確かに陸上では何の被害も出ませんが、水中では一命を失うことがあります。

　津波が押し寄せてくるときは、地形の効果などで、勢いが上がっていきます。いっぺん勢いが上がりきりますと、後は勢いを失い、向きを変えて水が高いところから下へ向かって流れていく。そのときに地形によっては水が集まってくる場所ができる。そこの流れは極めて速いものになっているので、そこにいれば完全に水にすくわれてしまいます。ですから、地震の後で津波警報や津波注意報も出されない、そのかわり「わずかな海面変動があるかもしれません」という表現が出たときにも、絶対に水の中に入ってはいけません。潮干狩りや海水浴の最中でも、ただちに陸に上がってください。海中で潜水作業をしている場合でも、中止して陸に上がらなくてはいけません。

■ 東海地震の前に起きる前兆すべり

　東海地震が発生する前に、前兆すべり（プレスリップ）という現象が起きるかもしれないといわれています。前兆すべりとは、震源域（東海地震の場合、プレート境界の強く固着している領域）の一部が、地震の発生の前にゆっくりと滑り動きはじめる現象のことです。前兆すべりは地震は起こしませんが、地盤は動きます。その地盤の動きで、場合によっては海が変化するので、その変化に注意する必要があります。

　その変化とは、地震が来る前に海が異常に引いて、普段は海底が見えない50〜100m先の磯で魚が跳ねるのが見えたりする現象です。珍しいので魚を捕ろうかなどと思っていると、突如、地震が起きたといいます。地震の前に異常潮汐があった例として、日本の代表的な地震学者である

今村明恒 (1870〜1948) が挙げているのが、以下の4例です。
- ① 1793 (寛政5) 年2月　西津軽
- ② 1802 (享和2) 年12月　佐渡小木
- ③ 1872 (明治5) 年3月　浜田地震
- ④ 1939 (昭和14) 年5月　男鹿地震

　これらは、海水が引いた後に地震があり、しばらくして津波が来たという実例です。

　地震前の異常潮汐の例として特異なのが、1933 (昭和8) 年の昭和三陸大津波の際の岩手県の小白浜 (こしらはま) です。

　これは地震が来る2時間以上も前に1m以上もの津波があったという例で、当時14歳だった吉田国三郎氏の話によると、その朝の漁を終えて帰港する際、通常ではありえないような潮流のおかげで、アッという間に小白浜港に帰り着いたそうです。その後、船の荷揚げをしようとしたとき、1mほどの津波に見舞われたのです。「どうしたことか」と驚きながらも帰宅して床に着くと、30分ほどすると地震があったといいます。実は1946 (昭和21) 年の南海地震のときにも同じことが四国で体験されていますが、それもいまだにうまく説明されていません。

　もし次の東海地震でもこの前兆すべりが起きたら、場所によっては地震もないのに海が引いていくかもしれません。そのときに判断を誤ったら、命を落とすかもしれないのです。

　1960 (昭和35) 年にチリ津波が押し寄せる寸前、ニュージーランドでも海の水が引く現象が起きました。このときの住民の反応は、2つに分かれています。大変珍しいことが起きているから見にいこうと浜辺に集まった人々と、大変不思議なことだから絶対に近寄らないと高所に上がった人々です。

　前者はヨーロッパ系の人々、後者は先住民マオリ系の人々でした。マ

オリ系の人々はみな助かりました。彼らは原因不明で不自然な現象に対して、好奇心で近づくよりも、自然への畏敬の念から遠ざかることを選んだのです。自然災害に際しては、こうした感性は忘れてはならないものです。

　津波には個性があります。地震があれば、津波は必ずやってくる。しかし、地震がなくても来るのです。また、長い年月の間に沿岸地帯は変化するので、同じような津波が来ても、災害の形は変わります。そこまで考えて手当てを行わなければならない点が、津波対策の大変難しいところです。

第6章 ◎対談

津波多発国は
津波対策先進国

考えられる津波の種類とその対策

岩手県立大学総合政策学部
総合政策学科教授
首藤伸夫

静岡県掛川市長
榛村純一

■ 原子力発電所の津波被害

榛村（司会） 神戸大学の石橋克彦先生は、東海地震が発生した場合の浜岡原子力発電所に関して、地震の揺れ以外にも津波の影響をかなり受けるだろうと指摘されています。首藤先生は浜岡原子力発電をたびたびご覧になっているそうですが、この発電所はどういった津波の影響が心配されるのでしょうか。

首藤 私は浜岡原子力発電所の1号機ができたころから、たびたび助言をさせていただいているのですが、1号機ができたときは、一見して「これは解決してくれないと困る」という点がありました。

あの場所に津波が押し上がってきたとしても、原子炉本体に対して津波が及ぼす力は、地震のそれと比較にならないほど小さいので、その面での影響はほとんど無視していいと思います。ただ、問題がまったくないわけではありません。

第1に海水に浸かることを前提にさまざまな施設をつくってあるかということ、第2に伊豆半島の例ですが、津波が高さ8mほどの砂丘を

つくった例がありますから、こうした事態がありうることを想定して手を打ってあるかということ、第3に1960（昭和35）年のチリ地震津波のように周期の長い津波への対策、の3点です。

　まず第1からご説明します。海水に浸かるとどういった問題が生じるかというと、塩水のせいで電気系統が故障するケースが非常に多いのです。

　第5章で津波のときは火事が起きるという話をしましたが、1993（平成5）年の北海道南西沖地震が起きるまでは、そうお話し申し上げるとよく笑われたものです。火は水で消えるものである。それなのに水である津波で火事が起きるのか、というのです。でも、これには昔から実例があります。

　1933（昭和8）年の昭和三陸津波のときに火事が3件起きています。1件は台所からの出火、もう1件が船のエンジンルームが水をかぶったことによる出火、そして3件目が、実は漏電なのです。実際、水に浸かった電気系統がショートして出火し、それが原因で200軒ほど焼けた例があります。だから津波の際は漏電が怖いのです。

　浜岡原子力発電所の場合、大きな地震があれば当然ですが運転は停止します。火はどんどん小さくなりますが、種火だけは完全に消さないで残します。非常に小さいとはいえ、やはり熱は発生します。その熱は絶対に冷やさなくてはいけませんから冷却補機を使うのですが、そのための補機類はどんなことがあろうとも作動しなくては困ります。しかし、その補機類が動くとまた熱を出しますから、その補機類の冷却水もきちんと供給されなくてはいけない。

　1号機の場合、その補機類を動かすための冷却水を取るポンプに問題がありました。雨のような上からの水には強いが、下から水が勢いよく走ってきて中に入り込んだら、構造としてショートする危険性がありました。したがって「これは改良してもらわないと危険だと」申し上げました。

発電所側は「津波が及ばない高さを想定して設置した」といっていましたが、津波が実際にどれくらいの高さになるかは、それは地震が起きてみないと本当のところはわかりません。どんなに計算を積み重ねても、本当に津波が来たときの高さなど、誰にも確実なことはいえないのです。ですから、最低限そこだけは守り抜くという構造にしてくれないと困るとずっと申し上げてきたのですが、そのかいあってか5号機は従来のものに比べるとかなり改良され、ある程度は安心しています。

次に第2として砂の動きです。津波で8mの砂丘ができたという例が実際にあることはさきほど申し上げました。もちろん、どんな場所でもそれほどの砂が動くとは考えにくいのですが、当然、2m程度の砂が溜まることはかなり頻繁に起こると考えられます。浜岡原子力発電所の放水路の出口にも砂が溜まり、放水路が使えなくなる危険がありうると考えたほうがいい。そういう事態になったら、運転を再開するまでに予想以上に時間がかかるでしょう。そうなった場合でも、前述の冷却補機類がきちんと維持できるようなシステムにはしてほしい、と指摘してあります。

第3に、チリ津波のような周期の長い津波は、水位が上がっている時間も長いですが、下がっている時間も長い。水位が下がり続けたときには、冷却水が取れないような事態が続くかもしれない。それに耐えうるような高さに、さまざまなものを設置して、冷却水を確保しなくてはいけません。

最近はこうしたことについて、浜岡原子力発電所に限らず全国の原子力発電所が考慮してくださるようになってきたので、かなり安心しています。

もちろん人間のすることなので、気を抜いたらどうなるかわかりません。原子力発電所では、担当者が交替する場合も、最低限守るべき点だけは必ずきちんと引き継いでいただきたいとつねづね申し上げています。

■ 地域の津波対策に望むこと

榛村 掛川市は、今は海岸に面していないのですが、2005（平成17）年4月に合併する大東町と大須賀町を合わせると、ちょうど10kmの遠州灘が含まれます。遠浅といわれていた海岸も、だんだん砂の供給がなくなって痩せてきていますが、こうした長い海岸線において津波はどういう形になるのでしょうか。

首藤 沖の地形がどうなっているかがかなり影響しますから、そこを詳しく見ないとお答えするのは難しいですね。特に水深20mより浅いところの地形がどうなっているかがかなり影響しますが、仮にそこを今の時点で詳しく見たとしても、10年後、20年後にはまた地形が変わりますから、今の時点で「こうなります」と申し上げにくい。

ただ、砂浜が長く広い海岸では、三陸のようなリアス式海岸と異なり、津波のもたらす影響は「それほどでもない」といった常識にはあまりとらわれないほうがいいと思います。一見するとそれほど起伏のある海岸ではない久能山東照宮付近においても、記録に残されるほどの津波が押し寄せてきています。とはいえ、過去にそういった津波があったからといって、これから先も津波を引き起こしやすい地形が残っているかというと、そう言い切れないところがあります。

たとえば、天竜川筋にダムができて、川から海へ流れていた砂の量が変わりましたね。天竜川河口の磐田周辺では、かつては集落で最も貧しい家に砂が堆積してできた新しい土地を分け与える風習があったそうですが、今や砂の供給量が変わり、どうやって海岸浸食を防ぐかが課題になっています。

人間社会の活動がこうしたところにも確実に影響を及ぼすのが今の時代です。ですから、今の状況を見て「30年後も同じだろう」と申し上げるのは非常に困難です。むしろそうした変化を見ながら、人間が多く集まる場所では「ここで大きな津波が来たらどうなるか」と日ごろから考

えておく。できれば5年に1度、少なくとも10年に1度はそういった検証を行って、防災面で「ここに足りないものは何か」と考えるべきだろうと思います。

榛村 それはどういうことでしょうか。

首藤 できれば防災対策は、自治体等の防災担当者だけではなく開発担当者と一緒に行ってもらいたい、というのが私の考えです。開発担当者が「ここを開発するとこれだけ便利になる」と考える一方で、その開発が津波や地震からどれだけの影響を受けるのか、つまり津波などに対して「強くなるのか・弱くなるのか」といったことも同時に考えていただきたいということです。

　防災担当者は、どこの自治体等でも3年から5年で替わってしまいがちで、その地域の自然条件や社会条件をきちんと理解して「やっと現場がわかるようになった」と思ったら"もう異動です"となってしまうことが多い。せめて開発担当者と防災担当者が密に連絡をとりあうようにしてくれれば、開発と防災という両面がある程度は満足させられるような気がしています。

　日本の津波対策はかなり進んでいますが、津波が火のついた石油を運んできて火災を引き起こすような、津波と火災が結びつくケースに対して手当てがあまりなされていません。ですから、開発担当者が「ここに漁船用の石油タンクをつくりたいが、危険かもしれない。どうすればいいだろう」と防災担当者と相談できるシステムがあったら、このようなことは防げるかもしれません。

　実際、静岡県の西伊豆町では、石油タンクをつけかえるときに、防災の面を考慮して「この際だからタンクを地下に移しましょう」と決断してくれたことがあります。消防法の規定にそう定められているわけではありませんし、費用もかかることになる。ですが、町の決断ひとつによって心配が1つ減ったことになるのです。

こういった観点から、5年に1度あるいは10年に1度といった見直しをしないで20年も経ってしまったらどうなるでしょう？　もう手の施しようのない施設がそこかしこにできてしまうことにならないでしょうか。

榛村　津波が火災を広げるというのはどういうことなのでしょうか。

首藤　実際にアラスカでは、地震で石油タンクに火がついたところに津波が来て、燃えさかっている油を町の奥まで運んでいったケースがあります。

それから日本でも似たようなケースが新潟で1例あります。これは津波が火を運んだわけではないですが、壊れたタンクから流れ出した油が津波でたまった水の上を伝わって流れていき、地震から5時間後に何らかによって火がついた。石油は水の上に広がっていましたから、火はどんどん燃え広がり、焼けなくてもいいはずの家が焼けたということです。

■ ため池の危険性

市民　掛川市には農業用のため池が多いのですが、地震の揺れでそうした池などが水害を起こすことはあるのでしょうか。

首藤　農業用のため池が地震のときに被害をもたらした例は、私の知る限り、1968（昭和43）年の十勝沖地震のときにありました。青森県の八戸近郊のため池が壊れて水が流れ出し、45歳前後の女性が1人亡くなられ、その近くを走っていた鉄道が流されるという被害がありました。ですから、まったくないことではありません。

私が心配しているのは、ため池をきちんと使っているのなら、毎年1度は水漏れがないかなどのチェックをするはずですが、農業がだんだん不振になってくると、あまりきちんと手入れや管理をしなくなる場合です。地震でため池が壊れた例があるので、やはり気をつけたほうがいいと思います。

なお、津波でため池が損壊した例は聞いたことがありません。という

のは、ため池は土地の高さを利用して下に水を行き渡らせる仕組みになっていますから、津波が届くようなところにため池があることはあまりないと考えられるからです。

■ 原子力発電所の安全運営には何が必要か

市民 以前にうかがった石橋先生のお話では、海底を通っている原子力発電所の導水管が、津波が引くときの力に果たして耐えられるだろうかと疑問を呈されたと記憶しています。津波の引く力というのは、実際にどれほどのものなのでしょうか。

首藤 津波警報が出ないような、わずかな海面変動が警告された場合でも、水が引く場所ではすさまじい流れになる可能性があります。

引き際に水が集まる場所ではかなりの力が働くことが予想されますが、それはそのときの地形状態によっても変わるだけに、現時点で導水管のある場所でどれくらいの力が働くかは確実に計算できません。正直なところ、流れ自体の推定は現在の技術ではまだまだ困難です。

導水管が壊れると長時間にわたって水を採取できなくなることから、平常運転はもちろんできません。そういう状態が長く続いても、最低限維持されるべき機能だけはきちんと動くようにしておくことが重要です。

技術がもう少し発達し、導水管にかかる力が詳しくわかるようになったとしても、人間の知りうることには限界があります。「技術的には100％大丈夫だ」といったところで、現実にはそれが吹っ飛ぶことだってあるのです。

ただ違った物の見方をすれば、技術とはそうした失敗を重ねて成長してきた側面があります。たとえば、イギリスが開発したジェット機が墜落したとき、当時の首相であるチャーチルはそのことを責めず、むしろ「この事故を成功のための失敗に変えろ。なぜ落ちたのかを究明して、落ちない技術を開発しろ」といって国を挙げてその問題に取り組ませ、

それでイギリスの航空業界は息を吹き返したという例があります。失敗したからやめろでは、そこで技術はストップしてしまいます。パイオニアはいつも失敗と表裏のことをしなくては、世界で最初に何かを成し遂げることはできないのです。
　だからといって、失敗したら一大破局が来るような、そんなことは絶対に許されません。どんなに完璧な技術であっても、それで気を許すことはあってはならないことです。万一の事態でも最低限の安全は確保できるようシステムを確立しておく。それが技術を育てることであり、かつ使っていく人間の心構えでもあり哲学だと思います。
　原子力発電は使い方を誤れば危険をともないます。しかし、それを使わなければ、現在供給されているエネルギーの35%を放棄することになります。
　原子力発電を中止して石油による火力発電に切り替えるといっても、下手をすれば50年後にはその石油が枯渇するかもしれません。さらには、地球温暖化防止のために火力発電はむしろ減らさなくてはならない時代です。残るのは水力発電ですが、これだけでは現状の15%ぐらいのエネルギーしか供給できませんし、ダムも自然環境を壊すから止めようといわれています。江戸時代に戻れるならともかく、これから高齢化社会になれば、何をするにもますますエネルギーが必要になります。ですから、そういった時代が訪れる前にいかに安全に原子力発電を使いこなす技術を確立できるかが問題なのです。
　これからの世界は、開発途上国の経済発展にともない、ますますエネルギーが必要とされる時代になっていくでしょう。扱いが難しいエネルギーであっても、それを安全に使いこなす技術が日本で確立できれば、50年後、あるいは100年後の世界の人々から日本は感謝されると思います。

■川をさかのぼる津波による被害

市民 日本海中部地震のときに、川をさかのぼっていく津波の映像を見たことがあるのですが、あれは実際にどういう被害を出したのでしょうか。

また、現在想定されている東海地震で、たとえば太田川をさかのぼっていく津波が発生した場合には、どのくらいの規模や高さが推定されるのでしょうか。

首藤 川をさかのぼる津波は、堤防を乗りこえない限り、河川敷にある施設を壊すことはあっても、周辺に被害をもたらすことはほとんどないと思われます。最近は木造の橋もほとんどありませんから、津波で橋が落ちることは極めてまれでしょう。

ただ注意すべきことは、津波は、たとえば漁船などを一緒に運んできますが、それが橋にぶつかると、橋を通る水道管や光ケーブルを破壊したりすることがあります。三重県の例では、水道管が壊されて、津波による火事を消そうにも、肝心の消防用水が不足して十分な活動ができない危険がありました。また、目の前の堤防からは水が出てこなくても、上流で水があふれ、その水が下流の土地へ流れ込んでくることがあります。津波が堤防を乗りこえてくるのではなく、背後から水が来たという例もありますので、そういうことを想定しておく必要があるかもしれません。

それと同時に、思わぬところから津波が来る例として、下水道施設を通って水が吹き上げることがあります。開発担当者と防災担当者が協力してほしいと申し上げたのはこういう点です。下水道施設をつくるときにおかしなところに下水道の出口を設けますと、そこから津波が浸入します。青森県の八戸では、マンホールの蓋が突然開いて、サメが飛び出してきたことがあります。

宮城県の気仙沼では、海に面した低い土地の前面を埋め立てて魚市場をつくりました。魚市場の後背地の住民は、前面に地盤の高い魚市場ができたことから、津波が来ても大丈夫だと安心していました。ところが

津波が来ると、魚市場は無事だったのに、後背地は床上浸水の被害を受けたそうです。海につながっていた下水管の出口から津波が浸入したのです。ですから、下水道計画が進んでいる地域では、その出入口の位置関係はきちんと確認したほうがいいと思います。

また、上水道の取入口が津波で損壊されて大打撃を受けたという例も1つあります。川に面したところにある構造物が被害を受けたら、そこから津波が入ってくる危険性があることは考えておいたほうがいいかもしれません。

■船の上で津波に遭った場合

市民 海で釣りをしていたり、あるいは船旅をしているときに、もし目の前に津波が来たら、どういうことに心がければ命を落とさずにすむのでしょうか。

首藤 さきほど申し上げたかもしれませんが、磯場の釣り人はしょっちゅう揺れている海を見ているので、地震に気がつかないことがよくあります。日本海中部地震のときの例では、揺れが収まった後に釣りに出かけた友人を心配して慌てて駆けつけてみると、何事もなく釣りをしていたそうです。地震で津波警報が出たと教えてやると、キョトンとして「地震なんてあったかね」ということでした。

現在、漁業者に対しては救命胴衣の着用が法令で義務づけられているようですが、同様に、釣りに行くときにも救命胴衣をつけていくように、市の条例などで義務化したほうがいいかもしれません。救命胴衣を「つける・つけない」で生死を分けた例はたくさんあります。

秋田県の能代港を襲った津波では、堅いものの近くや岩場から100m以上離れていた人、大きな船に乗っていた人ほど、命が助かる確率が高かったようです。救命胴衣か、浮力の働くものを身につけていた人も同様です。ですから、もし海岸で釣りをしていて津波警報を聞いたら、身

体ひとつで逃げてください。釣り竿なんか取りに戻ってはいけません。また、がけ下にいる場合は大変難しいですが、それ以外なら家族が携帯電話で地震を知らせて、注意を喚起してもらうのも津波から身を守るひとつの方法だと思います。

結局、どういった場所で津波に遭遇するかは、事前には誰にもわかりません。釣りをしていて、潮が異常に引いたとか、海から聞き慣れない物音が聞こえたとか、そういう異常に気がついたらとにかく逃げてください。できれば救命胴着を身につけて逃げる。これしかないだろうと思います。

津波は世界共通語

榛村 ところで、津波という言葉は日本の言葉なのですか、それとも中国の言葉ですか？　また、英語ではどういう言い方になりますか？

首藤 津波というのは日本の言葉です。この言葉が使われはじめたのは、だいたい関が原の戦いの後ぐらいだと考えていいと思います。それ以前は、中国の言葉で「海嘯（かいしょう）」と書いていました。「海がうそぶく」という意味です。中国語では「ハイシャオ」と発音します。これは異様な物音がすること、すなわち「海がほえている」「海がうそぶく」から「海嘯」と呼んだのです。

ちなみに、津波の「津」は「渡し」とか「港」などを指します。風波が入って来ない湾の奥は、船の停泊に非常に条件がいいので、たいていはそういったところに津がありました。しかし、津波は沖にいるときよりも、そういう湾奥ほど大きくなってきます。津に押し寄せる波だというので「津波」と呼ばれるようになったということです。

外国に「津波」という言葉が知られたのは、1896（明治29）年の明治三陸大津波のときが最初かもしれません。1908（明治41）年のイタリアのメシーナ海峡での津波の調査では、日本の地震学者・大森房吉が赴き、

「日本ではこういう現象を津波と呼ぶ」と述べたと当時のイタリア語の報告書に残されています。

1964（昭和39）年ごろ、アメリカの海洋学者コックスが、さまざまな呼ばれ方をしているが、今後は「津波」で統一しようと提案して、それ以来、日本語の津波が学術用語としても一般用語としても世界共通になっています。

■ 世界をリードする日本の津波研究

榛村 日本の津波学の水準は非常に高いといわれていますが、津波の研究者というのはどれくらいいるのでしょうか。たとえば津波学会には、津波の専門家はどのくらいいらっしゃるのですか。

首藤 津波の研究には、さまざまな分野が含まれます。地震学者、海洋学者、それから私のような土木工学者、さらに社会学者といろいろな方がいますが、全世界合わせても200人ほどです。

日本でも、津波の発生のメカニズムを理学的に研究している方はそれなりにいますが、津波の被害がどんなものか、またそれを防ぐにはどうすればいいかを研究しているのは、私を含めて10人もいないでしょう。

日本は津波の被害が多いので、今のところ研究で世界をリードしています。このリードは、実はアメリカの研究費の出し方と日本のそれとの違いからきています。私が津波の研究をはじめたころは、研究成果にかかわらず、教官1人あたりに1年定額の研究費が出ました。実際にはそれだけでは足りないので、さらに科学研究助成金を受けるのですが、地震に比べると、津波に関する科学研究費は3ケタぐらい少ないのです。それでも、昔のシステムでは成果にかかわらず1人あたりの研究費は確保されましたから、私たちはそれをもとにして一生懸命やってきました。

ところがアメリカは、1964（昭和39）年に津波の研究が終わった後は、もう津波よりも海洋開発だということで、津波の研究費を引きあげてし

まいました。津波を研究していた人は、津波の研究を続けたくても研究費がないので、ほかの研究テーマに鞍替えをしました。

　ちょうど、その時期に電子計算機が導入されました。われわれは細々ながら個人の研究費で電子計算機を使い、数値計算技術などを開発して、安定したものに仕上げてきました。ようやくアメリカが津波対策の重要性に気がついたときには、日本とは15年の差ができていました。現在、アメリカはまだその差に追いついていません。

　アメリカの数値計算技術というのは、ユネスコの標準技術を使っているのですが、これは日本が開発したものです。われわれは、どの国でも津波の研究には費用があまり出ないので、日本の数値計算技術は無償で提供すると申し出てきました。そのかわりきちんと使ってもらい、何かトラブルがあればそれも無償で解決する。優れた技術を世界中で使ってもらいたいと、これをユネスコの標準技術にしました。現在、世界で約13か国にその技術が広がり、国際会議に行くと「日本の技術協力で自分たちの津波ハザードマップができた」と感謝を述べてくれる人にときどき出会うようになりました。

　日本は津波災害の多い国です。だからこそ、ここでつくり上げた技術を、世界のみなさんに使っていただきたいと思います。それが日本で津波を研究する者の行うべき国際貢献だと、私は考えています。

■ 魚の動きで地震を予知できるか

榛村　さきほど下水管からサメが出てきた話がありましたが、地震によって魚がどこかへ逃げてしまうとか、そういった事例は実際にあるのでしょうか。

首藤　まだ詳しいことはよくわかっていないのですが、津波が起きる前には海の底で何か起きるようです。たとえば「リュウグウノツカイ（竜宮の使い）」などの深海魚が浅いところに上がってくる例がいくつもあ

ります。

　もっとも、そういった魚などが、果たして地震で起こったトラブルで逃げてきたのか、あるいは海流のトラブルで逃げてきたのか、詳しくはわかりません。ただ「わからない」ばかりでは仕方がありませんから、われわれ研究者も、こういった現象を捉えてモニターはそれなりにしています。

　たとえば、三陸海岸で変わった魚があがったという話を聞くと、水産学の研究者やわれわれ津波の研究者、さらに海の状況を監視する人との間で、三陸の海で今どんなことが起きているかをホームページ上で連絡を取り合いながら、監視することをはじめています。

　２年ほど前に三陸海岸で深海魚が急にたくさんあがったときには、潮の状態を監視しながら、同時に地震計やひずみ計に変化があるかといったような形でモニターを２か月ぐらい続けました。ですが、それは空振りに終わりました。

　今後も何か変わったことがあったら可能な限りの警戒体制はとることに変わりはありません。ただ、地震と魚の関係となると、本当に「よくわからない」としか申し上げられないのが今の実情です。

第7章
地震の際の応急手当とその心得

災害時に必要な医学知識

静岡大学保健管理センター教授
静岡県立大学客員教授
池谷直樹

これから「地震の際の応急手当とその心得」について、
① 1995（平成7）年に起きた阪神・淡路大震災の被害統計を参考に、地震が起きるとどのような病気・ケガが発生するか
② 阪神・淡路大震災の際に注目を集めた「クラッシュ症候群」
③ 実際の応急処置、特に生命維持の基本となる「心肺蘇生法ＡＢＣ」の手順と方法
④ 外傷を負った際の止血方法
という4つのテーマからお話をしたいと思います。

■ 地震によって発生する病気やケガ

阪神・淡路大震災の人的被害は死者6,433名（いわゆる関連死910名を含む）、行方不明者3名、負傷者は4万3,792名と、戦後最悪といえる深刻な被害がもたらされました。あらためて数字を見ると「大変な被害だ」と驚かざるを得ません。

重要なことは、死者6,433名のうち最初の時点で約5,500名が「亡くなっ

た」と報告されていた点です。つまり、8割以上の方が瞬間死だったということです。地震直後に亡くなった方が多かったということが、これほど大きな死亡数を示している原因のひとつだと思います。

では、傷病構造——どのような病気・ケガであったかという内容——で見た場合、地震の際にはどのような傷病が発生して問題となるのでしょうか？　それは大きく分けて、

① 外傷
② 疾病
③ クラッシュ症候群

の3つです。前二者はわかりやすいと思われますが、残りの「クラッシュ症候群」は耳なれない言葉だろうと思います。

クラッシュ症候群は、阪神・淡路大震災を契機として注目されはじめた災害時に特有の症例です。人が家屋や家具などの重量物の下敷きとなって手足の筋肉が圧迫され、血が通わなくなると、筋肉は壊死を起こします。それが救出されて圧迫がなくなり血流が再開した瞬間、破壊された筋肉からいろいろと有害な物質が出て身体にダメージを与えます。

たとえば、その有害な物質のひとつに「カリウム」というものがあります。通常、カリウムは人体に必要なもので、その6割が筋肉に蓄積されています。ところが、その筋肉が壊れることによって血液中に大量に流れ込むと、その結果、カリウムがある一定域を超え、脈が乱れ、最悪の場合には心臓が止まってしまうことがあります。そのため、クラッシュ症候群は生命に危険を及ぼすものといえるのです。

また、クラッシュ症候群はもちろんとして、災害時に見逃せない点として病院の混雑が挙げられます。平時でも病院は混雑しているものですが、大地震などの災害時には普段以上に混みます。単純に「ケガをした」などというものは挙げるまでもなく、さきほどのような死亡率の高いクラッシュ症候群などが多発するため、病院が混乱をきたしやすいという

問題があります。

　以上を考えあわせると、平時では考えられない混雑ぶりが地震によってもたらされ、さらに今まで接したことのないタイプの患者が大量に来院するとなると、残念ながら医療機関側にも混乱をきたす側面があることは否定できないと思われます。

　実際、私も腎臓を専門にしていますが、それに類似した症例を経験したことはあっても、地震被害から発症したクラッシュ症候群を診察したことはありません。

　クラッシュ症候群は適切に診断して処置すれば助かるものであるだけに、その詳細については後に説明しますが、よくよく理解しておく必要があると思われます。

■阪神・淡路大震災に見る傷病傾向

　図表1は、クラッシュ症候群および外傷で入院した患者が、どのようなケガをどういう原因で負ったかを、大阪府立病院の救急診療科吉岡敏治先生らのグループが阪神・淡路地区でベッド数100以上の病院を対象にアンケートを行い、その詳細について調べた結果です。

　頭部や胸部、腹部、骨盤、四肢、脊柱などの外傷やヤケド、クラッシュ症候群で入院した患者を原因別に分類しています。

　阪神・淡路大震災は、午前5時46分と早朝に発生したため、ほとんどの方が屋内で負傷しました。下敷き・閉込め55％と打撲23％を合わせた78％の方が、家屋の下敷きになったり、閉じ込められたり、もしくは家具の転倒などによりケガをしたのです。

　したがって、家屋の耐震対策がいかに重要かがわかります。もちろん、家具の転倒防止などをしっかり行っていれば、図表1の数字はもっと少なくできただろうと思います。

　図表2は、傷病構造別に見た死亡日のグラフです。図表1同様、さ

図表1　受傷機転別入院患者数

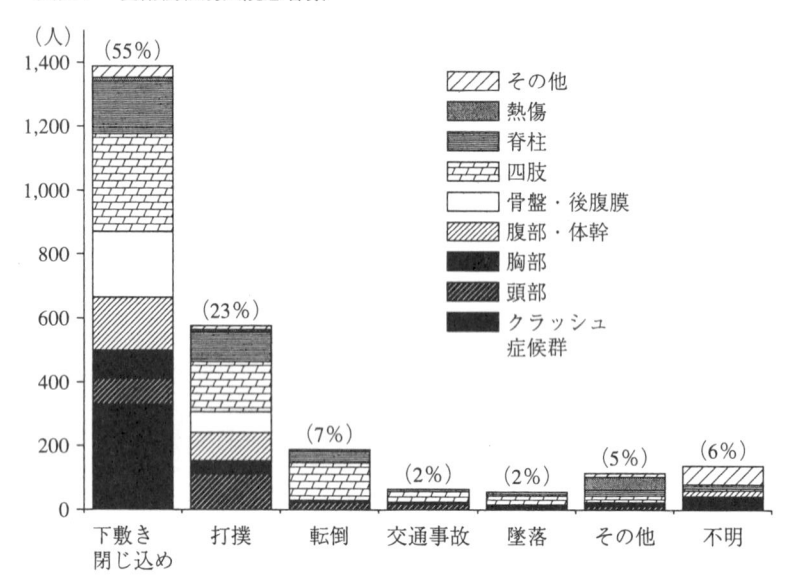

(人)
下敷き閉じ込め (55%)、打撲 (23%)、転倒 (7%)、交通事故 (2%)、墜落 (2%)、その他 (5%)、不明 (6%)

凡例：その他／熱傷／脊柱／四肢／骨盤・後腹膜／腹部・体幹／胸部／頭部／クラッシュ症候群

出典　吉岡敏治・田中裕・松岡哲也・中村顕『集団災害医療マニュアル』（へるす出版、2000年）

きほどの吉岡先生のグループのデータで、1月17日に亡くなった方は阪神・淡路大震災の当日に入院して亡くなった方々、それ以外は入院後に亡くなられた患者さんと考えられます。

ご覧のとおり、地震発生日の1月17日の死亡数が最多です。ほとんどの方が外因、つまり外傷によって亡くなっており、クラッシュ症候群と疾病も一定の割合を占めています。疾病とは、たとえば心臓病や脳出血、脳梗塞や肺炎などです。

翌18日になると、外傷による死亡者数は激減します。重度の外傷を負った患者さんが亡くなっていったということで、外傷による死亡者は減り、1週間後の24日の時点を見ると、むしろ疾病による死亡者が増えていくことがわかります。地震の際の傷病構造については、時間の経過ととも

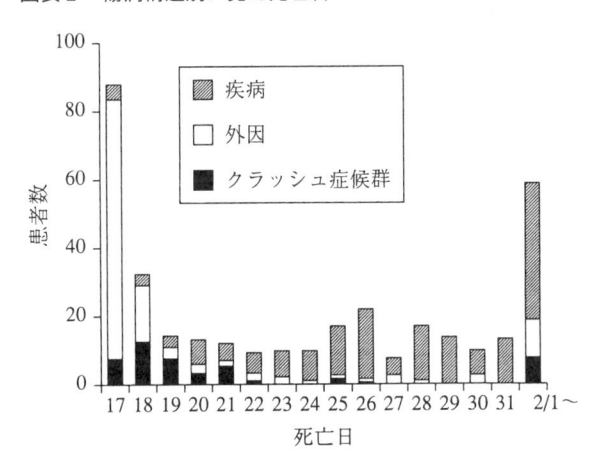

図表2　傷病構造別に見た死亡日

出典　吉岡敏治・田中裕・松岡哲也・中村顕『集団災害医療マニュアル』(へるす出版、2000年)

に、外傷だけではなくて内科系疾患で亡くなるケースが多いということが理解できます。

　図表3は、入院患者の病状がどのように変化したかを示しています。クラッシュ症候群、外因（外傷）、疾病のそれぞれについて、軽快・死亡・不明を件数で示しています。

　クラッシュ症候群は、372例中で軽快が302例と約8割を占め、死亡は50例となっております。死亡率は13.4％です。

　一方、外傷は重傷・軽傷の比率はわからないものの死亡が5.5％を占めます。さらに、疾病は入院数が最も多く、うち10.3％が死亡例です。

　以上からわかることは、なんといってもクラッシュ症候群の死亡率の高さです。このデータからは明らかではありませんが、集中治療に要した時間をまとめた別のデータによると、やはりクラッシュ症候群の治療に時間がかかっているものの、かなりの症例の方が助かっています。ですから、うまく集中治療を受けることさえできれば、このクラッシュ症

図表3　傷病構造別に見た患者転帰　　　　（単位：人）

	症例数	軽快	死亡	不明
クラッシュ症候群	372	302 (81.2%)	50 (13.4%)	20 (5.4%)
外因	2,346	2,188 (93.3%)	128 (5.5%)	30 (12.8%)
疾病	3,389	2,706 (79.8%)	349 (10.3%)	334 (9.9%)
計	6,107	5,196 (85.1%)	527 (8.6%)	384 (6.3%)

出典　吉岡敏治・田中裕・松岡哲也・中村顕『集団災害医療マニュアル』(へるす出版、2000年)

候群の患者さんは命を救われるのです。

　図表4は年齢階層の構成人口に対する死亡例の割合を示しており、どの年代で最も死亡率が高いかがわかります。

　「外傷」「クラッシュ症候群」「疾病」の3つに分けて見ると、50代以上から右肩上がりに増えています。やはり地震で被害にあうのは高齢者が多く、80代では疾病で死亡した割合が約1.2人、外傷で0.3人です。つまり、疾病で1,000人あたり12人、外傷で1,000人あたり3人が亡くなったということになります。

■ 震災時の疾病の増加

　震災時には、肺炎や心筋梗塞といった疾病が増えるといわれています。実際に、大地震の後には急性疾患の発症が非常に増えます。さらに慢性疾患が悪化する可能性があります。しかも、通常の対応ではそれらに対処できない場合も生じます。

　ですから、行政と病院とがよく連携して、スムーズに後方の病院など

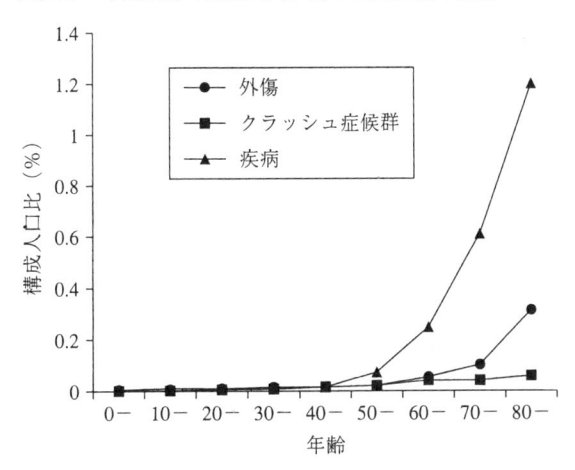

図表4　年齢階層の構成人口に対する死亡例の割合

凡例：
- ●　外傷
- ■　クラッシュ症候群
- ▲　疾病

縦軸：構成人口比（％）　0〜1.4
横軸：年齢　0−, 10−, 20−, 30−, 40−, 50−, 60−, 70−, 80−

出典　吉岡敏治・田中裕・松岡哲也・中村顕『集団災害医療マニュアル』（へるす出版、2000年）

に移動させる処置を行う必要があります。

　以下に、どういう急性疾患が増えたかを簡単に挙げておきます。

1. 肺炎と呼吸器疾患

　阪神・淡路大震災の際に最も多かった疾病は肺炎です。避難所はたいてい体育館などの広い場所ですが、1月という非常に寒い季節に教室や体育館などに大勢が詰め込まれました。そこで風邪をひいて、その後に肺炎になったケースが非常に多かったのです。

　特に高齢者や乳児が肺炎にかかった例が多く、避難所から肺炎の治療のために病院に移っていきました。集団生活を行っていると、抵抗力の弱い年齢層から肺炎などで倒れていくのです。

　外国の例で申し上げれば、たとえばロサンゼルスの地震の場合、避難所での伝染病の報告がありました。ですから、命からがら避難所に移動できたとしても、その後にそこで病気になりかねない。「地震後」をにらんだケアがあらためて大きな問題になってくるということです。

ちなみに、阪神・淡路大震災は1月だったため肺炎が多かったのですが、もしその地震が夏に起きていたら、様相が変わっていたと推測されます。夏の場合で気をつけなければならないのは、なんといっても食中毒でしょう。要するに、水が不足して手を洗うのもままならない環境下で、たとえばみんなで握ったお握りを食べる。そういう場合には、食中毒の可能性も考えなくてはいけません。
　また呼吸器疾患では、地震直後に喘息患者の症状が悪化します。建物などが倒壊したせいで粉塵が舞い、喘息が悪化して発作を起こしたりします。さらに、避難所生活をおくりながら自宅の復旧などといったいろいろな作業をすると、それでストレスがかかり、地震直後と地震後5日から1週間あたりで喘息の悪化による入院例が増えていきます。

2. 心不全、脱水症状

　避難所で発生率が高いのが心不全と脱水症状です。
　いつもとは環境の違う避難所生活で食が進まなかったり、以前から心臓に疾患のある方がその症状をうまくコントロールできなくなったりした場合、心不全が起きます。
　たとえば、普段は毎日きちんと薬を飲んでいたのに、地震でそれどころではなくなってしまう。そういう状況が続くと、今まで患っていた心臓が悪化して心不全になることがあります。

3. 虚血性心疾患

　虚血性心疾患とは心臓の病気で、狭心症や心筋梗塞を含む症状全般を指します。心臓に送られる血が足りなくなると、こうした病気が生じます。地震直後に大きなストレスがかかると、血圧が上がって心臓に負荷がかかります。そのため心筋梗塞が非常に増えます。
　地震の後には、外傷患者の方が避難所や病院に多数いらっしゃいますが、そのほかにどこもケガはしていないけれど「胸が痛い」と訴えてくる方がいます。胸が痛いだけで、どこも打撲等を受けていないのなら、

可能性としては心臓病を発症しているケースもありますから、それも念頭に置いて対処する必要があります。

心筋梗塞なら、心電図を取って適切な機関で治療をすれば助かります。ですから、しっかりとした対応を心がけなければなりません。

4. 消化性潰瘍

消化性潰瘍とは胃潰瘍や十二指腸潰瘍です。ストレスなども関係していることから、地震が起こった後5日から2週間ぐらいまでに発生することが多いといえます。

便が黒くなるという出血の兆候が見られた場合、消化性潰瘍を疑う必要があります

5. 脳血管障害

これも地震時のストレスが原因で、いわゆる交感神経が緊張して血圧が急激に上昇すると、それが引き金になって脳出血や脳梗塞が起こります。

6. 慢性腎不全（透析患者）

透析を受けている患者は、現在、全国に20万人以上おり、週3回病院に通って血液透析をしています。この方たちは週3回病院に行けなくなると、即座に命にかかわるのです。

阪神・淡路大震災の場合、病院のスタッフをはじめ患者自身も、自分の病気をかなりよく認識していたことから、それなりに苦労しながらも後方の病院で緊急透析をしてもらったということです。ただ、それでも残念ながら6名の方が亡くなっています。

こうした慢性の病気がある方は、常日ごろから自分がどういう病気かをしっかり認識して、薬や透析に関するデータを携帯していれば、比較的スムーズに治療を受けることができます。

しかし、自分の薬等のデータがまったくないとかなり危険な状態に陥る可能性があります。避難所へ医師に来てもらったとしても、自分の内服薬がわからず、結局、薬を渡すことができなかった例が多かったと報告さ

図表5　クラッシュ症候群の受傷機転

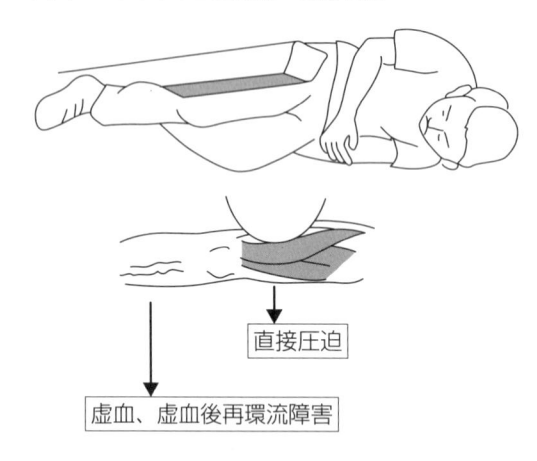

直接圧迫

虚血、虚血後再環流障害

■地震とクラッシュ症候群

　クラッシュ症候群は、日本語では「挫滅症候群」、英語では「クラッシュ・シンドローム」(Crush Syndrome)といいます。最初の医学的な報告は、第2次世界大戦下のロンドン大空襲のときでした。倒壊家屋の下敷きとなっていた方が救出されましたが、足が異様にはれ尿も出ない状態でした。その結果、なぜか腎不全症状を呈し、亡くなってしまったのです。この症例が世界ではじめて報告され、クラッシュ症候群の存在が明らかになりました。おそらくもっと前からこうした症例はあったと思うのですが、きちんと報告されたのはこのときがはじめてです。

　クラッシュ症候群は、長時間にわたって手足が圧迫を受けたり、窮屈な体勢を強いられ、その後で救出された場合に発症します。四肢の圧迫や窮屈な体勢によって手足の筋肉が損傷した結果、それによって引き起こされる循環不全、または急性腎不全といった全身症状を呈する疾患です。

　では、なぜそういう症状が起こるのかですが、それをわかりやすく図示したものが**図表5**です。

　まず、倒れているところに重量物が落ちてきて足を圧迫します。この圧迫によって足の筋肉が障害を受けます。さらに、この障害を受けたところから先の末梢の部分は血が通わなくなり、やはり障害を受けます。要するに、圧迫された部分もその末梢部分も障害を受けてしまうのです。

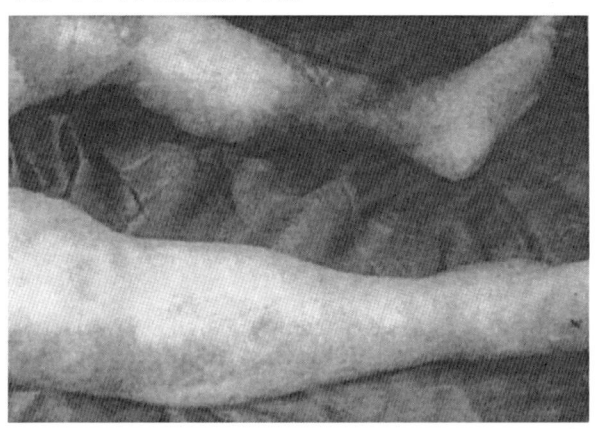

写真　クラッシュ症候群の下肢

出典　吉岡敏治・田中裕・松岡哲也・中村顕『集団災害医療マニュアル』（へるす出版、2000年）

　その後、救助されて圧迫が解消されると、今度は血液がいきなり流れはじめます。しかし、血液が通わなくなっていたところでは、もう血管や組織の性質が変わってしまっていて、血管から血液が非常に漏れやすくなります。その結果、血管から血液が漏れ、浮腫（むくみ）が起き、それとともに炎症が生じ、非常に赤くなって痛みが出るといった障害が起きます。虚血による障害と虚血後の再還流障害の2つが病因です。

　こういった虚血による障害は、それほど組織を傷めません。動物実験でも、虚血のみの組織を顕微鏡で見るとそれほど悪くなっていませんが、虚血後に急に血液が流れると、とたんに組織の障害が進んでいくのがわかります。ですから、虚血と虚血後再還流障害の両方があるとクラッシュ症候群が起こる可能性が高いといえます。

　写真はクラッシュ症候群患者の足を写したものです。左足首のあたりがかなり黒っぽくなっているのがわかります。見た目はこの程度のため、外傷としては重症感が乏しいのですが、状況としては見た目以上です。

たとえば、この患者は元気に話をしていても、カリウム値がかなり上がっているせいで急に心臓が止まるかもしれません。

大地震や戦争、航空機事故など以外に、日常的な場面でクラッシュ症候群が見られる場合があります。非常にまれですが、昏睡患者や手術後長期の寝たきりになった患者などが、身体の一部が圧迫された状態が続くことによって偶発的に起こることがあります。

また最近はありませんが、以前は患者の腕に血圧計をつけたままにしておくことがありました。その血圧計による圧迫で、手の末端が虚血になり、その結果としてクラッシュ症候群が発生した例が、過去に報告されています。

■ クラッシュ症候群の診断
1. クラッシュ症候群のメカニズムと特徴

筋肉中には全身の約6割にあたるカリウムが含まれています。その筋肉が壊れたり融解などの損傷を受けると、細胞からカリウムが流出するため、血液中のカリウム濃度が非常に高くなります。同時に、ミオグロビンというやはり筋肉中に存在するタンパク質も血液中にたくさん流れ出します。これは血液中にあるヘモグロビンと似たような赤い色素です。

カリウムとともに、ミオグロビンも筋肉から大量に流れ出してくると、それが腎臓にダメージを与え、腎不全の原因になります。

カリウムとは野菜や果物に多く含まれるミネラルで、そうした食品から吸収された後は、尿として体外に出ていくのが唯一の排泄方法です。だから、腎臓が悪くなるとますますカリウムの排泄が悪くなって、血中のカリウム濃度が非常に高くなってしまいます。

その結果、高カリウム血症に陥ります。カリウムがある一定値を超えると、心臓の脈が乱れて不整脈を起こしてしまい、最悪の場合には心停止にいたります。これがクラッシュ症候群の重要なポイントです。

発症数も多く死亡率も高いクラッシュ症候群をどうしたら診断できるかというと、まず地震の際にはこういう病気があると念頭に置いておくことです。長時間にわたり重量物の下敷きになったことが明らかな患者の場合には、クラッシュ症候群の可能性を疑うことです。自分がそういう状況に置かれた場合も、他人を救助する場合も、これを頭に置いておかないといけません。

　クラッシュ症候群は、一般に意識ははっきりしていて、血圧も正常に保たれています。皮膚の外表の損傷は必ずしも著明ではなく、末梢動脈の拍動も触知でき、意識やバイタルサインも通常に保たれている。しかも見た目はあまり重症感がない。ここが非常に大事なことで、重症には見えないのに重症の可能性があるのです。この点に注意して迅速に治療を行えば、命が助かる可能性があります。

　なお、クラッシュ症候群の判断のポイントとなるのは、ミオグロビンによって尿が赤くなる症状です。その赤さは「コーラと普通の尿の中間色ぐらい」と考えてみるとわかりやすいでしょう。見方によっては「赤黒い」といったほうが適切かもしれません。

　救出後、急に尿が赤くなったら、身体に何か起こった可能性があり、そのひとつとしてクラッシュ症候群の可能性が考えられます。また、通常より排尿の回数が減るのも特徴です。普通、1日何度トイレに行くかなど意識して数えていませんから自覚することが難しいのですが、後で患者に聞いてみると「そういえば昨日から尿が出ていない」「今日は1回しかトイレに行っていない」などといったことが少なくありません。

　そこで心電図を取ると、初期なら高カリウム血症の所見があります。また血液検査をすると、血液は酸性気味で、代謝性アシドーシス（腎臓は通常、体内で産生された酸を排出していますが、腎機能が低下すると酸が体内に蓄積されてきます。このことを「代謝性アシードシス」といいます）を呈します。血液が酸性とは、つまり身体が酸性になっているとい

うことです。

2. 血液検査でポイントとなる所見

　代謝性アシドーシス以外にも、血液検査ではいろいろなことがわかります。まずヘマトクリット値の上昇が見られます。

　ヘマトクリット値とは、体内の赤血球の容積百分率を示したものです。これが増えるということは、身体から水分が減って赤血球容積が相対的に増えている状態で、脱水状態であるとわかります。家屋の倒壊などで下敷きになっている間、飲食ができなかったせいです。また、筋肉内のタンパク質であるミオグロビンや筋肉由来酵素であるCPK（筋肉中にある酵素クレアチナーゼが筋肉疾患で上昇すること）の量が上昇します。筋肉細胞の損傷でこれらが血液中に流出するためです。

　血液検査では、ほかには高カリウム血症と低カルシウム血症が見られます。前者はすでにご説明したとおりです。後者の低カルシウム血症は、通常は細胞外に存在するカルシウムが、細胞の壊死・融解によって細胞内に入ってきた結果、血液中のカルシウムが低くなった状態です。同時に、リンはカルシウムと反対に動く物質なので、高リン血症が見られます。

　実は、入院後に血液検査をしてはじめてクラッシュ症候群とわかったという例が、阪神・淡路大震災の際にはかなりありました。医師も患者もそんな疾病を予想もしていなかったため、カリウム値の高さにびっくりして、あわてて処置をはじめたというのが大半のケースでした。血液検査で判明してからはじめて「尿が赤かったことに気づいた」というエピソードもあります。

3. なぜ生命の危機にいたるのか

　さきほど申し上げたように、損傷した筋肉組織から流出したカリウムは、血液中を流れ、腎臓にいたります。また、筋肉中の色素ミオグロビンも同様に流出し、やはり腎臓に到達しますが、それによって腎障害が起き、その結果として脈が乱れ、最悪の場合には心停止する。これがク

ラッシュ症候群の恐ろしいところです。

　高カリウム血症に何か自覚症状がともなえば非常に発見しやすいのですが、残念ながら自覚症状はほとんどありません。どこも痛くも苦しくもならないままカリウム値が上昇し、いきなり不整脈や胸の痛みが起きるのですが、そのときにはすでに末期的な症状なのです。

　クラッシュ症候群には注意が必要だというのは「気づいたときには手遅れになるケースが多い」からなのです。

■ クラッシュ症候群の治療

　実際の治療に関しては、全身管理と筋肉障害に対する局所治療の２つに分かれます。

1. 全身管理

　まず、高カリウム血症に対する治療が優先されます。高カリウム血症を起こすと不整脈や突然の心停止が起こるのがその理由です。

　通常は注射や服用による薬剤投与ですが、それで下がらない場合がかなりあります。その場合、人工透析を行います。人工透析とは、患者の血液をいったん体外に出し、それを透析装置で濾過し、有毒成分を除去してまた体内に戻すことです。これを行えばカリウム値がかなり下がります。実際に透析治療でかなりの患者が助かっていますが、逆の見方をすれば、そこまでしないと高カリウム血症で死亡する可能性を減らすことができない、ということです。

　脱水症状には、輸液や点滴を相当量行う必要があります。ある学会の報告によると、大阪大学ではクラッシュ症候群に対して人工透析を行う前に輸液療法をかなり行い——要は集中的に点滴をしたところ——その結果、透析を行わなくても救命した例がかなりあったとのことです。

　従来、クラッシュ症候群の治療に関しては系統的なデータが揃っていませんでしたが、阪神・淡路大震災によってかなりの報告例が出て、治

療方法についてかなり具体的にわかってきました。

　輸液がかなり効果があったという例からも、点滴の準備は十分にしておくべきだと医療側でも考えています。

2. 局所管理

　まず、来院した時点では筋肉は損傷していて、非常にはれています。四肢の筋肉は筋膜という丈夫な膜でいくつかの区画に区切られていますが、はれによってある区画の圧が異常に上昇すると、循環障害や神経障害を起こす危険があります。したがって筋肉の圧力を測り、高ければ筋膜切開を必要とします。筋膜を切り開くことで内圧を正常に戻すのが緊急筋膜切開の目的です。

　ところが「この方法はかなり有効だ」といわれてきた一方で、阪神・淡路大震災の経験からは異論も出ています。施術の環境が整わないところで筋膜切開を実施すると、感染や出血の危険性が高まり、かえって症状を悪化させることもあるというのです。ですから、条件によってどういったリスクが予想されるのかをきちんと理解したうえで実施しなければ、というのが阪神・淡路大震災の反省といえます。

　したがって、救出現場での対応も判断が要求されます。家屋などの下敷きになっていた部位に虚血が起きていた。ところが救出すると、とたんに虚血後再還流が起き、筋肉中から一挙にカリウムが流れ出し、救出後すぐに死亡するケースが予想される。だから、圧迫部位と心臓との間を駆血帯かヒモなどで縛らなくてはいけないという考え方も出てきました。

　救出直後の急死はおそらく高カリウム血症によるものです。したがって、カリウムが身体に回らないように駆血帯を装着してそのまま医療機関に運ぶ。そもそも救出する前に、まず「透析施設の準備を整えなくてはいけない」とテレビで話している医師もいました。

　しかし基本的には、虚血が長くなれば長くなるほど、それによる障害も悪化します。虚血後再還流の障害も虚血の時間が長ければ長いほど悪

化すると予想されるので、家屋などの下敷きになっていたら、基本的にはできるだけ早く助けることが大切です。ただし、すでに長時間にわたって圧迫されており、救出後すぐにヘリコプターなどで病院に搬送して透析が受けられる状況であれば、確かに私も駆血帯をして助けるでしょう。そういう場合は、駆血帯の意味があると思います。

基本的に、必ず駆血帯を装着すべきかどうかは、まだ結論が出ていないのが現状です。ですから、まず救出現場では、なるべく早く下敷きになった人を助け出すのが先決です。救出したとたんに死亡する場合も確かにあるので、駆血帯の装着も一応考えていいとは思いますが、場合によってはそのせいで重い障害を招く危険もあります。

そういった可能性も考えれば「これだ」という結論がないだけに、駆血帯の装着はせずに早く救出して、できるだけ早く医療機関に連れて行くのが、現段階では最善だろうと思われます。

■ クラッシュ症候群に対する備え

クラッシュ症候群に関して最も問題だと思われるのは、医療の側も患者の側もその存在を「ほとんど知らなかった」ということです。阪神・淡路大震災で医療関係者にはかなり注目されましたが、一般の方はほとんど知りません。ですから、ともかくこのクラッシュ症候群があるということを広く認識してもらうのが大事です。

クラッシュ症候群に関する医学的な所見についてはさきほどご説明申し上げました。ほかにクラッシュ症候群に関する知見をご報告申し上げますと、まず「病院によってその対応がかなり違う」ということが挙げられます。ある病院では患者全員に尿検査を実施したと報告がありますが、別の病院では、搬送される患者が多すぎて「とてもそこまで手が回らなかった」と率直な報告もなされています。

もちろん、病院は医療機関ですから普通であれば検査をしますが、理

屈どおりにいかないのが緊急時の常ですから、自己管理として「日ごろから自分の尿の色は意識する」といったことは覚えておいてください。

たとえば、普段から血尿が出ている場合なら、尿路結石や腎臓病などを考えないといけません。尿の色によって健康状態は非常によくわかります。黄色くなってきたら黄疸が出たということですから肝臓が悪いとか、大量の泡が出たらタンパクが出たということで、可能性としては腎臓病を念頭に置いておくといったことです。

日ごろから尿の性状をよく観察しておけば、普段より赤いかどうかが認識できますが、それさえも知らないと「よくわからない」ということになりかねません。日常的に観察を心がけることが災害時の備えにもなると思います。

■ 心肺蘇生法ＡＢＣ

次に、生命を維持する基本中の基本である「心肺蘇生法ＡＢＣ」をご紹介します。これは一次救命処置という生命を維持するための処置で、ポイントは、

- Ａ＝Airway（気道）の確保
- Ｂ＝Breathing（呼吸）の確保
- Ｃ＝Circulation（循環）の確保

です。つまり、気道と呼吸と循環を確保するのが「生命維持の基本」ということです。

Ａ（Airway）の気道の確保を十分に行うことの重要性はわかりますね。Ｂ（Breathing）は、呼吸が停止したら人工呼吸を行って肺に空気を入れるということです。次にＣ（Circulation）は、血液を循環させて、酸素を心臓や肺など、身体全体にいきわたるようにするということです。これは具体的には心臓マッサージです。呼吸や心臓が停止したときに、人工呼吸と心臓マッサージを行う処置を「心肺蘇生」といいます。

心肺蘇生で重要なのは、各種臓器組織の虚血の許容時間です。要するに、心臓が停止して血液の循環がストップした場合、どれくらいの時間で「臓器や組織が破壊されてしまうか」ということです（図表6）。

脳の場合、血液の循環がストップして3分間ぐらいで「元には戻らない致命的な変化が起きる」とされています。ですから、できるだけ3分以内で蘇生

図表6　各種臓器、組織の虚血許容時間（37度）

脳	3分
心　筋	15～30分
腎　臓	30～60分
肝　臓	30～60分
膵　臓	60～90分
胃　腸	120分
副　腎	60～120分
肺　臓	60～240分
皮膚、筋肉	180～360分

させなくてはいけません。一般的に、心肺蘇生の許容時間は脳の時間が基準になります。心筋や腎臓は若干許容時間が長く、筋肉にいたっては3～6時間ぐらいまで耐えられます。

ただしこれらはあくまで目安であり、もちろん変動はあります。5分経ってしまったら「もうダメ」というと、そうとは限りません。ですから、あきらめずに続けたほうがいい場合があります。

1. 心肺蘇生法の手順

次頁の図表7は人が倒れていたときに「どういう対応をしたらいいか」という手順を示したものです。

まず、動脈性出血、噴出する出血があれば後述の手技を用いてまず出血を止めます。次に意識があるかないかを確認するために軽く肩をたたいて、耳元で「大丈夫ですか？」(英語なら「Are you OK？」)と声をかけます。もし、ここで反応がなければすぐに助けを求めます。2人で見つけた場合には1人は助けを呼びに行く。1人で見つけた場合にもまず助けを求めに行きます。心肺蘇生よりもまずは助けを求めることが重要です。

助けを求めたらすぐに気道を確保します。心肺蘇生法ＡＢＣの「Ａ」にあたる処置がこれです。

図表7　心肺蘇生法の手順

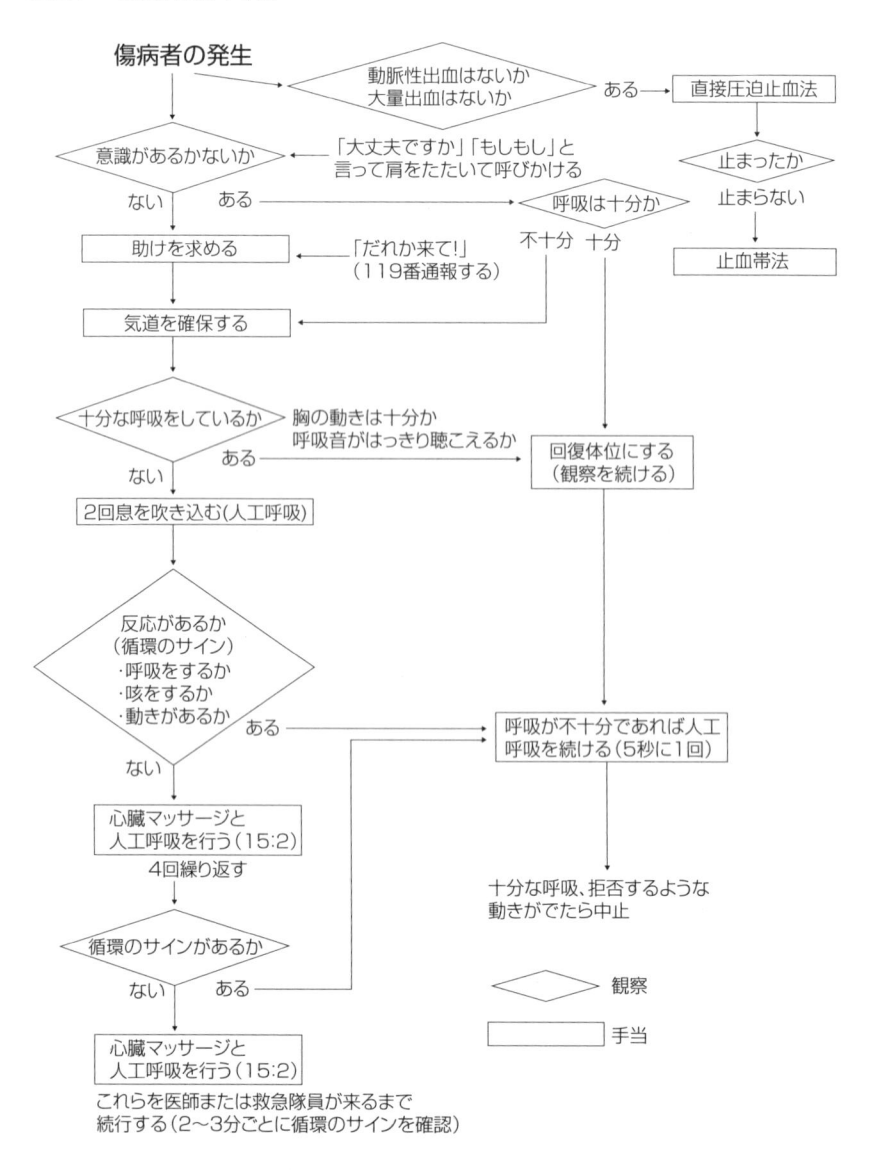

```
傷病者の発生 ──→ ◇動脈性出血はないか  ──ある──→ [直接圧迫止血法]
                  大量出血はないか                    │
       │                                              ↓
       ↓                                           ◇止まったか
◇意識があるかないか ←── 「大丈夫ですか」「もしもし」と     │
  ない   ある              言って肩をたたいて呼びかける   止まらない
   │     └──→ ◇呼吸は十分か                        ↓
   ↓             不十分  十分                    [止血帯法]
[助けを求める] ←── 「だれか来て!」
   │              （119番通報する）
   ↓
[気道を確保する] ←──────────────┐
   │                                │
   ↓                                │
◇十分な呼吸をしているか ── 胸の動きは十分か
  ない   ある                呼吸音がはっきり聴こえるか
   │     └──────→ [回復体位にする
   ↓                    （観察を続ける）]
[2回息を吹き込む(人工呼吸)]           │
   │                                  │
   ↓                                  │
◇反応があるか                         │
 （循環のサイン）                     │
 ・呼吸をするか                       │
 ・咳をするか                         │
 ・動きがあるか ──ある──→ [呼吸が不十分であれば人工
  ない                       呼吸を続ける（5秒に1回）]
   ↓                                  │
[心臓マッサージと                     │
 人工呼吸を行う(15:2)]                │
   4回繰り返す                        │
   ↓                      十分な呼吸、拒否するような
◇循環のサインがあるか    動きがでたら中止
  ない   ある
   ↓
[心臓マッサージと                ◇ 観察
 人工呼吸を行う(15:2)]          [ ] 手当
これらを医師または救急隊員が来るまで
続行する（2〜3分ごとに循環のサインを確認）
```

出典　心肺蘇生法委員会編著、日本救急医療財団監修『指導者のための救急蘇生法の指針（一般市民用）』（へるす出版、2004年）

次に気道確保をしたら、呼吸が十分にあるかどうかを確認します。十分な呼吸がなかったら「B」にあたる人工呼吸を行います。

さらに、血液が循環しているかを見るために循環のサイン（後述）を確認します。循環のサインを認めなかったら「C」にあたる心臓マッサージを行います。このとき、人工呼吸と心臓マッサージは連続して行います。

図表8 気道確保

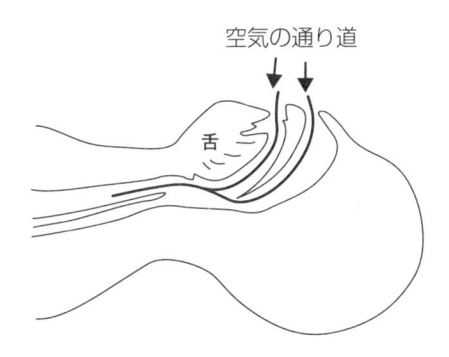

出典 小濱啓次「心肺停止」厚生省救急救命士教育研究会監修『改訂5版・救急救命士標準テキスト』（へるす出版、2001年）を参考に著者が執筆

2. 呼吸の確認

呼吸ができなくなる原因としては、食物や異物による気道の閉塞と意識不明時の舌による閉塞があります。

飲食をしていて何かの拍子にむせたりするのは、食物が気道に入って呼吸を邪魔しているからです。本人に意識があれば、一生懸命に咳をして異物を出そうとすることは皆さんもご経験があるでしょう。意識がない場合ですが、舌が落ちてきて気道を閉塞し呼吸が止まります。

図表8は空気の通り道を断面で示しています。意識がなくなると「舌根沈下」といって、舌が落ち込んでこの空気の通り道を塞いでしまいます。こうした場合、気道を確保して空気が流れるようにするだけで、呼吸が再開することがあります。

気道確保の方法を**図表9**に示しました。2つの方法があります。

1つは、舌が上に上がるように頭部を後にそらせ、あご先を指で上げる「頭部後屈あご先挙上法」です。そうすることによって気道が開きます。

もう1つは「下顎挙上法」です。たとえば転倒や墜落によって、頸椎を障害しており首は動かさないほうがいい場合、この方法をとります。

図表9　気道確保の方法　　　図表10　呼吸状態の判断

頭部後屈
あご先挙上法

下顎挙上法

気道確保後、3〜5秒ほど胸の動きや呼吸音を観察

出典　小濱啓次「心肺停止」厚生省救急救命士教育研究会監修『改訂5版・救急救命士標準テキスト』(へるす出版、2001年)を参考に著者が執筆

　親指は頬のあたりに添え、親指以外の指で下あごの付け根あたりから、下あごを受け口になるように持ち上げると、気道が開きます。
　いずれの方法においても、胸が動いているかどうかを見て、呼吸の確認をすることが大切です。見ただけでよくわからなければ、耳か鼻を口のところに持っていくと、息をしているかがわかります(図表10)。息をしているかどうかは、普段から呼吸の際の胸の動きを確認しておくと、いざというときに非常に役に立ちます。
　たとえば子どもを観察してみると、実は胸よりもおなかのほうが上がっていたりとか、いろいろなパターンがあります。そうした呼吸の動きを、家族などを見て実際に確認しておくといいでしょう。

3. 人工呼吸

　気道確保後10秒以内に「呼吸をしていない」と判断したら、即座に人

図表11　人工呼吸

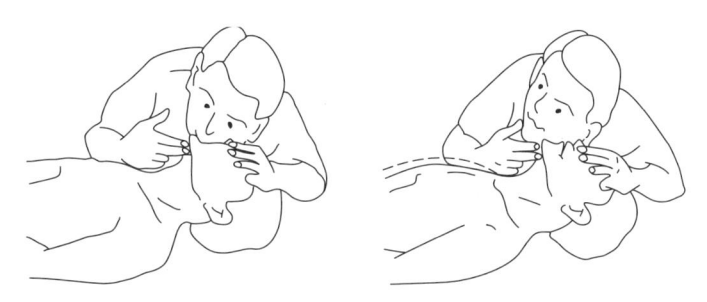

呼吸がないか不十分な場合に行う。気道確保後に鼻をつまんで口をあて息を吹き込む。体重1kgあたり、10cc見当。体重50kgでは吹き込む量は500cc

出典　小濱啓次「心肺停止」厚生省救急救命士教育研究会監修『改訂5版・救急救命士標準テキスト』（へるす出版、2001年）を参考に著者が執筆

工呼吸を始めなくてはいけません。人工呼吸は自発呼吸をしている人には絶対にやってはいけません。呼吸していないか、呼吸が不十分な場合にのみ行います。**図表11**は、手で鼻をつまみ口をあて、息を吹き込むマウス・ツー・マウスの方法です。吹き込む空気の量は体重1kgあたり10ccとされていますが、少し前の基準ではこの倍で、体重50kgの人に対して1,000ccといわれていました。しかし、あまり多く吹き込むと胃の中に入って嘔吐を招くことがあるため、現在は500ccで十分だとされています。

　息を吹き込んだときに傷病者の胸が軽く膨らむか、口を離したら胸が下がってくるかを確認します。これを見ながら人工呼吸を続けます。

4. **心停止判断と心臓マッサージ**

　心停止は循環のサインで判断します。循環のサインは2回人工呼吸の後、呼吸や咳をしたり、他の動きをすることです。以前は頸動脈の拍動で判断しましたが、一般にはそれが難しく、処置の遅れが指摘されたため、循環のサインに統一されました。なお、医療従事者は従来どおりの

図表12　頸動脈の触知による心停止の判断（医療従事者の場合）

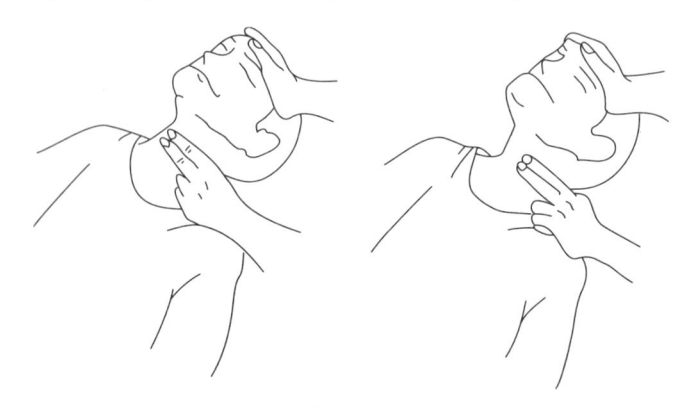

心停止の判断は頸動脈の拍動が触れるか否かで行う。心停止が確認されたら、心臓マッサージをすぐに行う（10秒以内）

図表13　心臓マッサージの際の手の置く位置の決め方

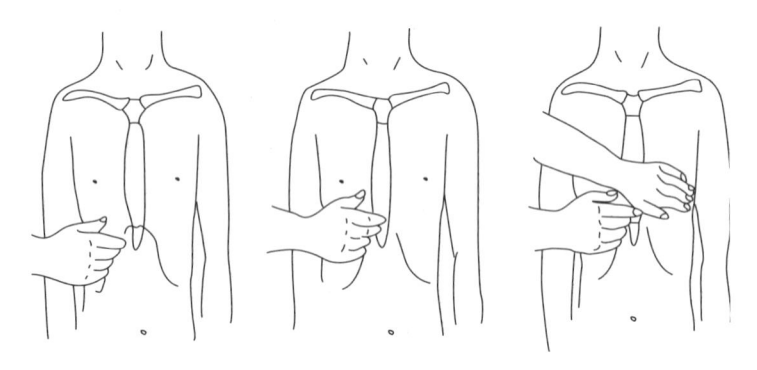

出典　小濱啓次「心肺停止」図表12・13とも厚生省救急救命士教育研究会監修『改訂5版・救急救命士標準テキスト』（へるす出版、2001年）を参考に著者が執筆

頸動脈拍動と循環のサインの両方で判断します（図表12）。

　循環のサインがなければ、即座に心臓マッサージを行います。まず手を置く位置を決めます（図表13）。最初に、肋骨の切れ目に片手を置きます。そして、左右の肋骨の切れ目がぶつかるところに指を1本置きま

図表14　心臓マッサージの手の組み方

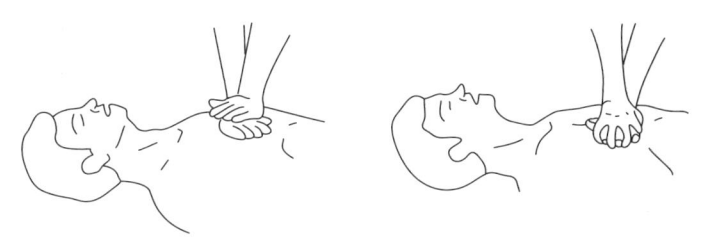

出典　小濱啓次「心肺停止」厚生省救急救命士教育研究会監修『改訂5版・救急救命士標準テキスト』（へるす出版、2001年）を参考に著者が執筆

す。その反対側にもう片方の手を置くと、そこが心臓マッサージの手の位置です。

　もう1つの決め方としては乳首の間に手を置く方法もあります。どちらでもいいですが、傷病者が女性の場合にはやりづらく感じる場合もあるでしょうから、前者の方法が私は覚えやすいと思います。

　心臓マッサージは、胸の中心部を圧迫します。横にはずれたり、下のほうを圧迫すると、肋骨が折れたり胸骨が折れて肝臓に刺さり、出血することがあります。そういうことのないように、きちんと位置を決めて行ってください。手の位置を決めたら、離すとずれるので、そこから離さないでください。

　次に手の組み方です（**図表14**）。片手を置いてから反対側の手をその上に置きます。指を組んでも、伸ばしたままでもどちらでも構いません。**図表15**に示すように、心臓マッサージの圧迫の仕方は胸骨が3.5〜5.0cm下がる程度の強さで、1分間に100回という比較的速いスピードで行います。心臓は肋骨と胸骨と背骨に囲まれていますが、こうして圧迫されると、心臓の中に充満していた血液が外に出て、手を離すと心臓の中に血液が充満してきます。まったく動いていなかった状態でも、この作業

図表15　心臓マッサージの圧迫の仕方

胸骨が3.5～5.0cm圧迫される程度に、1分間あたり100回のスピードで行う

出典　小濱啓次「心肺停止」厚生省救急救命士教育研究会監修『改訂5版・救急救命士標準テキスト』（へるす出版、2001年）を参考に著者が執筆

を行えば血圧が70程度までは確保されるといわれています。

　心臓マッサージを15回やるごとに、人工呼吸を2回行います。15回圧迫したら休んで、息の吹込みを2回行うというリズムです。

　以前は、1人で行う場合と2人で行う場合ではそれぞれこの回数が違いましたが、現在は2人で行う場合も、15回の心臓マッサージに2回の人工呼吸という組合せで行うのが共通基準になりました。これを医師や救急隊員が来るまで続けます。

5. 乳幼児の心肺蘇生法

　以上は成人に対する心肺蘇生法でしたが、子供、特に乳幼児の場合には対応が変わってきます。基本的には成人と同じくＡＢＣが軸となりますが、対応は新生児、乳児、小児（8歳未満）で分けます。8歳以上は体重が25kgとなりますので、成人と同じように扱います。乳児の場合には、気道確保の場合には背中の下にタオルなどを敷くとやりやすいと

いわれています（図表16）。

　循環のサインは成人と同様に人工呼吸の後に呼吸や、咳をするか、他の動きがあるかになります。

　なお、医療従事者の場合には従来どおり上腕動脈の拍動を見てから心臓マッサージを行います（図表17）。人工呼吸は大人の口で乳児の口と鼻を同時に覆って行います（図表18）。鼻の中に詰まっていることもあり、すすってあげるとよい場合もあります。

　心臓マッサージは、乳児の場合には手のひらではなく、指でやります（図表19）。親指を除く4本の指を乳首と乳首の間に足側におき、中指と薬指の位置が圧迫部位となります。圧迫は1分間に100回の速さで圧迫を行い、人工呼吸1回に対し、5回の心臓マッサージを繰り返します。成人とはかなり違いますので、乳幼児モデルでの練習が必須です。

■心肺蘇生法を行う際のポイント

　心肺蘇生法を行う際に最も重要なことは、実は「自分の安全が第一だ」ということです。危険な場所でそれを行って自分がケガをしたら、その後は「ど

図表16　乳幼児に対する気道確保

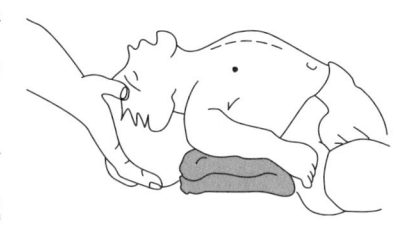

図表17　乳幼児に対する上腕動脈の拍動の確認（医療従事者の場合）

図表18　乳幼児に対する人工呼吸

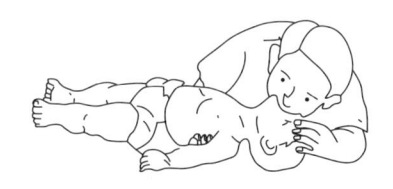

出典　図表16～18は小濱啓次「心肺停止」厚生省救急救命士教育研究会監修『改訂5版・救急救命士標準テキスト』（へるす出版、2001年）を参考に著者が執筆

143

図表19　乳幼児に対する心臓マッサージ

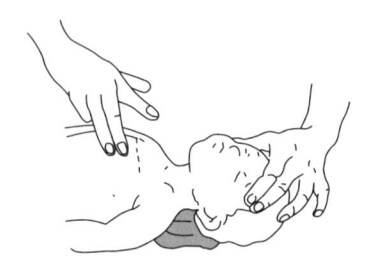

出典　厚生省救急救命士教育研究会監修『改訂5版・救急救命士標準テキスト』(へるす出版、2001年)を参考に著者が執筆

うなるのか」という問題があります。ですから、救助者の安全が前提です。

ということは、倒れている人がいたら「周囲の安全を確かめてから救出」に向かわなくてはいけません。場合によっては、危険な場所から安全な場所に動かしてからＡＢＣを行うことが大切です。

ＡＢＣはどれも大事ですが、Ｂ（人工呼吸）がうまくできない人が多いのも事実です。また、人工呼吸は知っていても口対口の人工呼吸は「抵抗があってできない」という人がいます。

実際、最近のアメリカの心臓学会の指針では、Ｂができないから Ｃ（心臓マッサージ）もできず「結局、助けられなかった」ということがよくあるため、「Ｃだけでも行ったほうがいい」ということになりました。つまり、倒れている人がいたら、Ｂは行わなくていいから、心臓マッサージだけは行ったほうがいい。これは日本でも同様のことがいわれています。

私は、基本的にはＡＢＣはすべてしたほうがいいと思っています。むしろ、地震のときにはここまでできることは少ないかもしれません。ただ、地震のみではなくいろいろな場合で家族に何かしらのアクシデントが起きる可能性もありますから、そういう場合を考えれば、やはりＡＢＣは知っておいたほうがいいでしょう。

なお、心肺蘇生法はやはり実際の練習が必要不可欠です。きちんとやれば１日でマスターできる程度ですから、ぜひ日ごろから繰り返し練習をして、緊急時に備えてください。

■ 止血法

　現実問題として、大量に被災者が出た場合には、すべての方に心肺蘇生法を行うのは難しいと思われます。そういう意味では、むしろ止血法のほうが実際的かもしれません。そこで、出血していた場合にどう処置するかについてここで解説します。

　出血とは英語ではブリーディングまたはヘモラージ（Bleeding or Hemorrhage）といい、血管から血液が漏れることを指します。出血は体外に出る場合と体内に出る場合、すなわち外出血と内出血があります。ここでは主に外出血に関してご説明します。

1. 出血量と血管の性質

　普通、体内の血液量はほぼ体重の13分の1です。体重130kgなら10ℓの血液が、50～60kgの人ならおよそ5～6ℓの血液があることになります。

　ところで、どのくらい出血したら命に危険があるのでしょう。通常、献血の際の採血量は200ccか400ccなので、この程度では何ら問題はありません。ただし、1,000cc出血すると血圧が低下すると一般にいわれています。2,000～3,000ccの出血となると、そのままにしておけば死にいたります。

　この基準はあくまでも成人の健康な方の場合です。たとえば、もともと貧血の強い人が1,000ccも出血したら、それだけで生命が危なくなります。一般的な目安でしかないので、できるだけ早く止血することが大切です。

　血管には、毛細血管、静脈、動脈の3種類があります。毛細血管は、非常に細い血管で、末梢に血液を運ぶ役割を担っています。新鮮な血液は、心臓から動脈を通って身体の各部分に届けられ、毛細血管を通して末梢に行き渡り、老廃物を含む古い血液が回収されて、静脈を通って心臓へ運ばれます。血液の色は動脈では非常に明るい赤色で、静脈では暗い赤色です。

図表20　直接圧迫

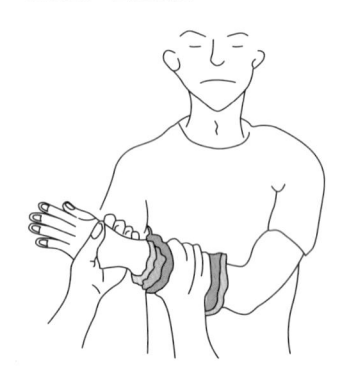

　3種類の血管は出血の仕方にもそれぞれ特徴があります。通常、切り傷の類は毛細血管からの出血で、にじみ出るような出血になります。これはたいてい絆創膏などを貼って少し押さえておけばすぐ止まります。

　それに対して静脈出血は、太い血管からの出血です。この場合、暗赤色の血液が持続的に流れてきます。

　動脈出血の場合には、明るい赤い血液が飛び出すように傷から流れてきます。この場合にはしばしば生命を脅かし、止血が難しくなってきます。

　病院で救急当直をしていると、自殺未遂で自分の手の動脈を切った患者が運び込まれてくることありますが、傷口から血が噴水のように、拍動にあわせて出てきます。しかし、これもしっかり止血すれば止まります。ただ、そのままにしておくと命が危なくなる出血ではあります。

2. 効果的な止血のためのポイント

　止血の方法は、

① 　直接圧迫

② 　間接圧迫

③ 　挙　上

④ 　止血帯

の4つがあります。②の「間接圧迫」というのは、動脈出血の場合に傷そのものではなくその根元を圧迫する方法です。③の「挙上」は損傷部位を心臓よりも高く上げることによって、血流を少なくして止血する方法です。④の「止血帯」というのは、傷と心臓の間の動脈の根元を縛り、血流を一時的に遮断する方法です。

　どんな出血でも、基本となるのは①の「直接圧迫」です（**図表20**）。

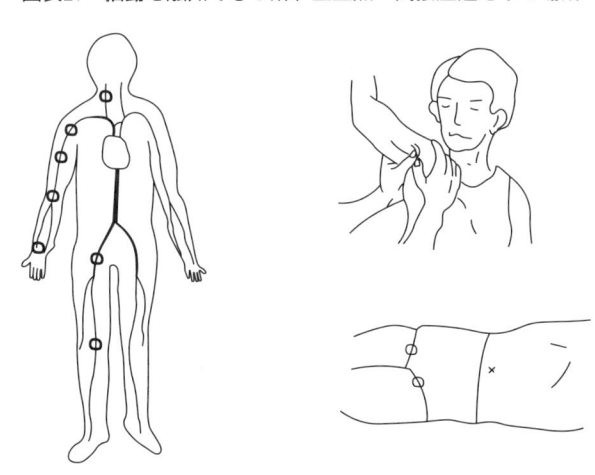

図表21　拍動を触知できる所、止血点　関接圧迫をする場所

出血している部位がはっきりしている場合には、その出血点を直接圧迫します。まず、出血部位をハンカチやガーゼなどで圧迫します。通常の毛細血管や静脈の出血なら３分ぐらいで出血が止まることが多いでしょう。ですから、頻繁に傷口を見ないで、まずは３分間押さえてください。血がにじんでこなくなったら、そのときゆっくりハンカチなどを外して様子を見てください。すると止まっていることが多いはずです。

それでも止まらない場合は、直接圧迫と同時に挙上を行います。損傷した四肢を心臓より高く上げて様子を見ます。

それでも止まらなければ間接圧迫です。止血点というポイントがあるのですが、上腕動脈と足の根元の動脈の圧迫点が最もよく用いられます。

なお、間接圧迫のひとつの方法として、上腕動脈を圧迫して上に上げるというやり方があります。この場合、他人に上腕の拍動している部分を圧迫してもらうことになります。止血点をご理解いただくために、人間の身体の中で拍動が触れる部位を**図表21**に示しました。止血点となるところは、頸動脈や脇の下の上腕動脈、ひじの内側や手首など、脈拍がとれる部分です。足では股の表側やひざの裏に太い血管があります。

図表22　止血帯

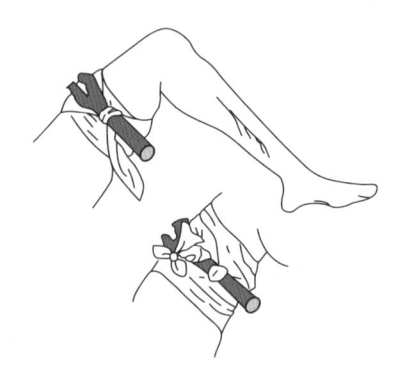

こうした部分を指で強く圧迫すると、出血が止まることがあります。

直接圧迫、間接圧迫、挙上でも止血できない場合、止血帯(タニケット)を用います(図表22)。これは止血できないときの最後の手段として、心臓と傷の間を縛ります。止血帯としては、幅のある包帯、三角巾やタオルなどを用い、きつく縛ったうえにさらに棒などで捻り締めておくといいでしょう。

ここで注意しなくてはいけないのは、止血帯を用いたら、その後は末梢に血液が通わなくなるので、止血した時刻を必ずどこかに書いておくことです。30分か1時間経過したら少し緩めて、再び血を通わせます。

重ねて申し上げますが、くれぐれも最初からこれを行ってはいけません。確かにこれで血は止まりますが、長時間にわたって血が通わない状況をつくりだしてしまうため、虚血による壊死を招く危険があります。だからこそ、30分もしくは1時間おきに緩めないといけないのです。

実際にこの方法をとるときは、止血時刻を必ず記載し、その間に救急車や医療関係者の到着を待ってください。

■ 落ち着いて対処することが肝心

実際に止血に臨む場合、たいていの方は血を見ると慌ててしまうと思われます。特に頭から出血していたら、それが少々であっても、かなり慌ててしまうというのが本当のところでしょう。だからこそ、止血にあたっては「まず落ち着くこと」が何より重要です。

人間はコップ1杯の水がこぼれても大した量だと感じませんが、ところがそれが血になると、なにか大出血でもしたかのような印象を受けが

ちです。ですから、たくさん出血したようでも、実は「それほどでもなかった」というようなこともありますので、やはり冷静な判断が必要です。

現実には、医療器具もなく、医師や看護師もいない状況で出血となると、できることはかなり限られています。

しかし、いま申し上げたことを行えば、かなりの割合で外出血は止まります。換言すれば、これらの方法で血が止まらない場合、あるいは重い内出血の場合には、医療機関に行かなくてはどうすることもできません。

むしろ、地震などの緊急時には「自分でできることは確実に行い、必要なら医療機関に行く」といったスタンスが何より重要になってくると思われます。

※ 本章の心肺蘇生法に関する記述は、心肺蘇生法委員会編著・日本救急医療財団監修『[改訂版] 指導者のための救急蘇生法の指針（一般市民用）』を参考にしております。

なお、心停止のなかで心疾患を原因とするものは年々増加していて、病院外の心原性心停止は年間2～3万人といわれています。このような心原性心停止の場合には、救急隊員の到着までの間に、現場に居合わせた人による電気的除細動がより有効であることが報告されています。そのために、2004（平成16）年7月から、非医療従事者に自動式体外除細器（AED : Automated External Defibrillator）の使用が認められました。

意識のない人に対応する場合には、救急車を呼ぶのと同時に、AEDの手配をして、循環のサインのないのを確認後にAEDを使用することが推奨されています。

これからは、できるだけ多くの方がAEDを含めた救急処置を各種団体などの講習会を利用して習得されることを望みます。また救急治療の指針は医療の進歩と社会の変化に応じて常に見直されるものですので、時代の変化に注意していく必要があります。

第8章 ◎対談
より多くの命を救うための災害時医療
救助の限界の判断をどこに置くべきか

静岡大学保健管理センター教授
静岡県立大学客員教授
池谷直樹

静岡県掛川市長
榛村純一

■ 生き埋めになったらクラッシュ症候群を疑う

榛村（司会） クラッシュ症候群に該当する人は、阪神・淡路大震災のときにはどのぐらいいたのでしょうか。

池谷 はっきりわかっただけで入院患者数は372例あったと思います。そのうち亡くなられた方は50名でした。しかし生き埋めになったままクラッシュ症候群で亡くなった方は、実際はかなりいるのではないかと思います。

榛村 生き埋めになると、必ずクラッシュ症候群になるのですか。

池谷 かなりの確率でそうなる可能性があります。ただ、もちろん腹部の圧迫なら内臓損傷の可能性もありますから、赤い尿が出た場合でも、原因はそればかりではないと思いますが、生き埋めになったらその可能性は高いと思います。

榛村 クラッシュ症候群という以外に、ほかにも呼び名がありますか。

池谷 日本語では「挫滅症候群」といっています。筋肉細胞が損傷を受けるという意味です。あちこちの部位の筋肉で起きますから、手足に限

らずお腹の筋肉でも、実はクラッシュ症候群が起きます。筋肉細胞の障害で循環不全や腎不全を含めて、いろいろな全身症状を起こすものだから、クラッシュ症候群とまとめて呼んでいるということです。

■ 筋肉の損傷とカリウムの関係

榛村　筋肉を圧迫したり打撲したりすると、その筋肉からカリウムが大量に出て死の危険を招くということですが、一般に、生体は何かに反応するとそれを防御しようとして良い酵素を出すのかと思っていたのですが、カリウムがたくさん出ると死の危険を招くというのはどういうメカニズムなんでしょうか。

池谷　基本的には、筋肉細胞の損傷が少々ならカリウムや有害物質の流出も少量であり、むしろ壊れた細胞を除去して生き残った細胞を守る働きをします。要するに、カリウムも少なく出る分には特に問題はないと思います。実は、ちょっとした打撲の場合でも少量のカリウムが出ているのですが、それでもその程度では問題は起きない。危険なのはカリウムがある一定域を超えてしまった場合です。

榛村　そうすると、ちょっと打撲した場合にカリウムが出るのは、打撲を保護している力があるわけですか。

池谷　そうです。打撲した部分の細胞が死んで、逆に周りの細胞が生き残るためです。要するに、傷んだ細胞がいつまでも生き残っていては困るので、そういった細胞は早く壊れてしまったほうがいい。したがって、カリウムや有害物質が出ることは通常であれば傷んだ細胞の掃除のサインになり、身体に必要な反応なのですが、クラッシュ症候群の場合は、カリウムや他の有害物質が一挙に出過ぎて危険なのです。

■ クラッシュ症候群を考えた救助方法

市民　だいたい4〜12時間ぐらいでクラッシュ症候群の兆候が現れる

と、以前聞いたことがあります。おそらく個人差はあると思いますが、このことを前提にすると、自分の家族や隣近所の人を助けるときに、1日目にできるだけ多くの人を建物の下から引きずり出して、2日目になったら、まだ下敷きになっている人は医療機関と一緒に助けるという方法をとったほうがいいのでしょうか。それとも、何かほかにもいい方法はありますか。

池谷 基本的には、下敷きになっているのが見つかったら、どんどん助けていくのがいいと思います。圧迫を受けている時間がどれだけ長くなるとクラッシュ症候群が起こるかは、調べたところでは、たとえ1時間であっても死亡例があります。理論的には虚血の時間と筋肉障害は比例するはずですが、なぜか虚血の時間と死亡率は必ずしも比例しないのです。圧迫を受けた時間が長ければ長いほど死亡率が高くなるというデータは出ていません。

　本当は、建物からどんどん救出して、透析ができる医療機関にすぐに運んでいければ、それが一番いい方法です。阪神・淡路大震災の場合でも、ヘリコプターなどで患者を搬送させることができれば、本来はそれが望ましかったと私は考えています。

市民 今の質問に関連して、下敷きになっている人を救助するときに、たとえば身体を圧迫していた家具や梁をいっきに取り除いて救助していいのか、それとも少しずつ血を通わせるために、徐々に圧迫を和らげていくような方法をとったほうがいいのか、教えてください。

池谷 それもはっきりとした答えはないと思います。徐々に圧迫物をどけて助けた場合といっきに助けた場合とで違いが出たというデータはないと思います。

　ただ、実際問題として「ゆっくり助けることが可能なのか」とは考えずにいられません。実際、誰かを助けるときは、おそらく無我夢中で助けてしまうのではと思っているのですが、これは逆にいかがですか。

市民 実際にはそういった体験がないのでわかりません。

池谷 明確に根拠のない範囲でお答えするのは難しいのですが、理論的に考えれば、できるだけ「早く助けたほうがいい」と私は思います。

■ 止血帯を緩めるタイミング

市民 止血して病院まで搬送するのに長時間かかる場合、クラッシュ症候群の疑いがあっても、ときどき止血帯は緩めたほうがいいのでしょうか。また、どのくらいの間隔で緩めるべきですか。たとえば10分に1回緩めるとか、そういう基準はあるのでしょうか。

池谷 止血帯を緩める間隔は、さきほど30分から1時間と申し上げましたが、もしもクラッシュ症候群の疑いがはっきりしている場合には、むしろ緩めなくてもいいと思います。ただし、虚血との関係がありますから、1時間以内には医療機関に着かないと困ることになります。いずれにせよ、病院へ行って処置をするほうが望ましいことは確かです。

なお、止血帯は必ず1時間か30分に1度、緩めなくてはいけないともいえない場合があります。それは本当に出血がひどい場合で、緩めたせいでかえって出血が激しくなるようなら、もう緩めないでそのまま病院まで行くという判断でいいと思います。ただ、止血を何時に開始したかだけは、はっきり正確に書くようにしてください。

■ 虚血状態に弱い脳

榛村 虚血状態で最もはやく細胞が破壊されてしまう例として、脳で「3分以内」とおっしゃっていましたね。最も長いのが筋肉で3時間ぐらいですか。各部位の重要さの度合いに応じて、虚血に耐えられる時間が短くなるのでしょうか。

池谷 かなり鋭い質問です。脳や心臓というのは、一度破壊されたら再生しない臓器です。たとえば肝臓であれば、多少切除してもまた元どお

りに再生します。そうした臓器とは違って、そういう再生しない臓器は、重要であると同時に弱いということになります。

榛村　3分間血液が循環しないと破壊されてしまうというのは、人間の脳は非常に高度だということでしょうか。

池谷　動物でも、やはり虚血状態では脳が最初にやられます。要するに、それぞれの生物にとって最も高度でデリケートに守られているのが脳だということではないでしょうか。

■ 心肺蘇生法のポイントは

榛村　ところで「心肺蘇生法ＡＢＣ」というのは国際的な使い方ですか。「ＡＢＣ」ではなく「甲乙丙」でもいいわけですか。

池谷　そうですね。一応は世界基準です。「Maintenance of ABC」といって米国海軍でも採用されています。要するに、全世界においてＡＢＣというものが認知されているということです。

榛村　心臓マッサージを15回行ったら、人工呼吸を2回するとおっしゃいましたが、それはどういうケースでも同じですか。

池谷　基本的には同じと考えてください。昔は、たとえば2人でやる場合と1人でやる場合では回数を分ける、などといわれていたのですが、いちいち変えるとかえって現場で混乱します。そこで、心臓マッサージ15回人工呼吸を2回としたほうがしっかりと覚えられるというメリットを選択したのだと思います。

榛村　心臓マッサージから始めるのですか。

池谷　まず人工呼吸を2回してから、15回心臓マッサージをし、また人工呼吸を2回と、それを繰り返します。トータルで1分間に100回、心臓マッサージを行います。かなり速いスピードです。

榛村　人工呼吸2回というのは、吹き込むのと息をはかせるので、1回ですか。

池谷　そうです。人工的に息を吸わせてはかせるので1回と数えます。これを2回行ってください。

榛村　やはりこれは、練習が大事なんでしょうね。実際にやってみると、だんだん勘どころというか、要領がわかってくるのでしょうか。

池谷　普段から、家族同士で拍動に触れたり呼吸状態を観察しておくと、大変役に立ちます。ただ、心臓マッサージ自体は、普通に呼吸をして正常に心臓が動いている人には、絶対やってはいけませんから、人形を使って練習してみるのが理想です。

榛村　手をあてる位置の確認ぐらいは問題ないですか。

池谷　あてる位置は重要ですし、実際に家族単位でも必要になる可能性もありますから、お互いに心臓の位置を確認しあうというのは意味のあることと思います。

■ 人工呼吸の際の嘔吐は？　乳幼児への人工呼吸の注意点は？

市民　以前、倒れていた方がいたので、見よう見まねで人工呼吸をやってみたのですが、相手の人は嘔吐してしまいました。救急隊の方から「口の中のものをかき出して空気を入れてくれ」といわれたのですが、どうもうまくいきませんでした。人工呼吸の際の嘔吐について教えていただけますか。

池谷　口中に異物が入っている場合、基本的にはその異物を取り除くことが大事ですが、ただ、なかなか奥まで取れないことがあります。そういう場合には、人工呼吸をすることで押し込んでしまうことになるかもしれないですが、まず目で見て明らかな異物があればそれを取り除き、その時点ですぐ人工呼吸をするしかないと思います。

市民　異物が完全に取り除けなくて、そのままではさらに奥に入る危険があっても、人工呼吸はしたほうがいいということですか。

池谷　完全閉塞になるかどうかはその場ではわかりませんから、仮に部

分閉塞状態であっても、それなりに呼吸が戻ったほうが身体にはメリットがあると思います。ともかく息をさせるというのは心肺蘇生法の基本です。まったく呼吸をしていなかったら「アウト」なのですから、ともかくやるしかありません。

市民 人工呼吸で吹き込む空気の量は、成人で500ccとおっしゃいましたが、乳児の場合も同じでいいのでしょうか。つい必死になって息を吹き込んでしまいそうですが、小さい子にはどんな感じで人工呼吸をすればいいのでしょうか。

池谷 体重1kgにつき10ccという割合は、大人でも子供でも適合すると思います。乳児の場合、3～4歳で体重15～16kgぐらいですから、150～160ccぐらい吹き込めばいいと思います。体格には個人差があるので、あくまで目安ですが……。

吹き込む量の感覚を知るには、たとえば風船を膨らませてみるといいでしょう。それでだいたい感覚がわかってくると思います。成人の場合の500というのは結構な量で、普通に吹いているだけでは、なかなか到達しないことがわかると思います。

■ 医療従事者がいない場合の人工呼吸

市民 地震の場合、橋などが落ちて救急車も来られないことがあると思います。いったん息が止まっていた状態から、人工呼吸をして何とか息を吹き返すことができたとします。「ああ、息を吹き返した。よかったな」とホッとしたところで、医師に連絡がつかないとしたら、医療機関に運び込むまでの間、どうしたらいいのでしょうか。

池谷 まず、呼びかけに反応などが出てくれば、ある程度の危険な状態は脱したと一応は考えていいと思います。ただし、呼吸や意識が回復しても、やはり医療機関には連れて行くべきです。呼吸停止状態になったのには、何か原因があるわけですから。

市民 それでも、意識が戻ったということであれば、当面は安心していてもいいのでしょうか。

池谷 命の危険があった状態から回復してきていることは確かでしょうから、そういう意味では、ＡＢＣの処置が有効だったと考えていいと思います。

市民 人工呼吸を行う場合、いったい「いつまで続けるべきか」という問題があると思います。たとえば大地震の場合、多くの医療従事者が出払っていて、医師による死亡確認がとれないケースも考えられると思います。ですから、心肺蘇生法自体はどれくらいまでやるべきなのでしょうか。

池谷 よく「30分は続けなさい」といわれますが、率直に申し上げて、ボランティアとして実際に救急にあたられる場合には、むしろある程度やって戻らなければ、ほかの方の人工呼吸を始めたほうが、より多くの人を助けることになるのではないかと思います。

　実際問題として災害時には、スタート方式という、気道確保だけをしたら後はＡＢＣをやらずに次の患者にいく方法が最も現実的と思われます。１人にＡＢＣをずっとやっていたら、その間ほかの患者に何もできません。「30分」といいますが、実際はそこまでやらないで次の患者の処置に移ったほうがいいかもしれません。

■災害医療ではトリアージが原則

榛村 さきほどは傷病ごとに順序立てて説明をしていただきましたが、実際の地震のときには、家屋の下敷きをはじめ、出血はもちろん、呼吸もおかしい、意識もないといった、いろいろな症状が一度に起こっていることが多いのだと思います。そういう場合、どう優先順位をつけたらいいのでしょうか。

池谷 時間の関係で話せなかったのですが、それは非常に大事な問題で

す。医療機能が制約されるなかで、1人でも多くの傷病者に対して最善の治療を行うため、傷病者の緊急度や重症度によって治療や後方搬送の優先順位を決める必要にどうしても迫られます。これを「トリアージ」と呼んでいます。

　地震の際の目標は、まずできるだけ多くの人の命を助けることです。すでに心肺停止またはほとんど心肺停止の患者さんがいたら、その人に構っていてはいけない。むしろ、ある程度処置をすれば助かる人のほうを手当てする。そういう選別をすることです。トリアージ（Triage）とはフランス語で「選別」という意味です。もとは、ナポレオン戦争のときに、傷病兵をその重傷度に応じて選別したことから始まったようです。

　したがって、まず助かる人から処置するというのが大原則です。もちろんその点で、違和感を感じる方もいらっしゃると思いますが、実際のところ、その点が大事なのです。

　たとえば、自分は重症なのになぜ連れて行ってくれないのかと、きっと思うでしょう。しかし、助けられる可能性のある人から、手遅れにならないうちに助けなくてはならない。しかも、これは地位も財産も関係なく、また騒いだり大声をあげたところで、早く助けてくれはしないのです。まず処置をして助かる人から優先的に治療するという原則が、トリアージです。

　ただ阪神・淡路大震災のときは、やはりどうしても心肺停止またはほとんど心肺停止状態の人から治療を始めてしまい、その人に時間がかかってしまったようです。そういう反省点が、かなりあったと聞いています。

榛村　日本人の心情にちょっと合わないようなところもありますが、これは仕方がないことなのですね。

池谷　実際、私も自分の家族などが重傷を負ったら、できるだけ助かってほしいと当然思うでしょう。

しかし、客観的に見てできるだけ大勢の人を助けなくてはいけないとなると、救助の現場でも病院でも、やはりトリアージをやるしかありません。ただ、救急医療体制のレベルがかなり高くなっていけば、より多くの方を助けられるのでは、と私は期待しているのですが……。
　トリアージはその場で説明して決して納得できるものではありません。平常時から「地震災害時にはトリアージが必要である」ということを広く周知させる必要があります。たとえば高校の保健体育の授業に加えるというようなことを提案します。

救助の限界の判断

市民　たとえば止血作業をしている最中に、火災が迫ってきて二次災害が考えられる場合、被災者を担架で安全な場所へ移動して、それから続きを行わなくてはいけないと思うのですが、そういう場合、時間的な判断をどうするべきなのでしょうか。
　たとえば５分程度の担架移動でも、被災者の状態は急変しないものなのか、その点をおうかがいしたいのですが……。

池谷　基本的には救助者の安全が大切です。自分自身に危険が迫っている場所で応急処置をしようとしたら、被災者も救援者もどちらも助かりません。救助者までダメージを受けてしまっては、誰がほかの人を救助するかという問題が発生します。ですから、まず安全確保が第一です。
　たとえば、倒れかかっている家の下敷きになっている方の出血がいくらひどくても、そういう状況下で止血行為をしてはいけません。安全を確保してからの救助が鉄則だということです。

市民　さきほどのお話のように「この人はもう助からない」と判断したら、見切りをつけてほかの人を救いに行ったほうがいい、というところですが、これはやはり判断に苦しむところだと思われます。何か判断のポイントというか、そういったものは……。

池谷　もちろん、自分がその立場だったら判断に苦しむとは思いますが、客観的に考えれば、まず自分の身の安全をはかることが最も大切です。そして倒れている方が意識も呼吸もないという場合は、気道の確保をして、その次の人に向かうことも必要となります。また、倒れている方を一緒に連れて逃げたくても、もしもそれが無理な場合には、冷たいようですがせめて自分だけでも逃げてください。

　災害医療の目的の第1として、助かる人ができるだけ多くなるようにするということがあります。要するに、死亡者をできるだけ少なくし、少しでも負傷者を減らすということです。それが目標であるからには、救助者まで行動不能になるようなことは避けなければなりません。

■ 自主防災と救急医療システム

市民　町内会の自主防災会が想定しているレベルとはかなり違うお話が聞けて大変参考になりました。

　たとえば町内会の自主防災会では、ケガなどの応急処置を要する場合には救護所へ搬送することになっています。そこにはお医者さんがいて応急処置をすることになっているのですが、実際にはそこに行っても、透析の設備などはありません。それなら、先生のおっしゃるように、むしろ病院に運んだほうがいいのではないかと思いました。

　現実の自主防災会のシステムも、そうした医療の実態に合わせて変えたほうがいいのではないかと感じるのですが、どうお考えでしょうか。

池谷　阪神・淡路大震災のときには、自主防災がどの程度の役に立ったかという問題で考えた場合、結論からいうとやはり限界はあったろうと思われます。

　救急活動の問題にしても、あのときはかなりの重症患者が出たのに、ヘリコプターでの活動があまりできなかった。行政の縄張りなどの問題もあってヘリコプターがなかなか動かなかったらしいのです。

その点、静岡県では各総合病院にヘリポートなどを用意して、かなり対応してきていると思います。
　阪神・淡路大震災の反省というものは、実際にその後の防災のあり方に影響を及ぼしています。クラッシュ症候群についても、あのときの被害があったから明らかになりました。命にかかわる病気が、実際にはほとんど見過ごされる可能性があることを、患者の側にも知ってもらえれば、事態はだいぶ違ってくるというのが、私の申し上げたかったことです。
　自主防災に関しても、阪神・淡路大震災のときからはだいぶ進歩していると私は考えています。ただ、完成したわけではないので、どういうものがいいのかについては、これから私も勉強していきたいと思っています。

榛村　今までやってきた自主防災のいろいろな活動は、池谷先生のお話を体系的・系統的に整理していけば、その有効性をまだ高められると思います。
　現実の地震の状況に則して使えるように研究していきたいので、またそのときはご指導をお願いします。

第9章
災害時のパニックとその対処

災害時のメンタルヘルス

元静岡大学保健管理センター所長
元静岡大学教授
林試の森クリニック院長（児童精神科医）
石川憲彦

■ 災害と精神医療とのかかわり

　私は小児科医として15年、精神科医としても16年、医療に携わってきましたが、実は地震についてまったくといっていいほど何も考えていませんでした。神戸に生まれ育ち、地震などは一生関係がないものだと思っていましたが、ところが、ご存じのように兵庫県で災害が起こりました。

　静岡大学では、保健管理センターで大学内の学生教職員の健康と命を守るという仕事に携わっていました。一般に小・中・高等学校では、地震が起こったら生徒はすぐに帰宅させることになっています。家族と引き裂かれないことが子供にとっては大事なので、これは当たり前の対処ですが、実は最近では、共働きの家庭の場合はどうするのかという問題が生じてきています。同様に大学生の場合も、たとえば静岡大学では半分以上が下宿生なので、注意情報が出たから帰宅させるといっても、学生の下宿は2階建ての木造、しかも建築基準法の大改正が始まる1981（昭和56）年以前の建築であることが多いのです。

　むしろ大学のほうが、建物としてはかなり安全です。しかしその場合、

学生を預かってどうするのか。実は、そのことから防災にかかわり出したという経緯があります。

■ 求められる精神の安定

「パニック」という言葉は人々が「パニックに陥る」、あるいは頭の中が真っ白になったことを「パニックった」などといって、すでに普通に使われています。ところが、精神医学的にはかなり違った意味に使います。

たとえば大きなビルでの火災の場合、全員が出口に殺到してしまうため、本来なら順に出ていけば助かるはずが、押し合ってつまずいて逃げられなくなり、出口付近で大勢が死んでしまうということが起きます。これが一般にパニックと想定されるものです。つまりパニックとは、渋滞している道路のように、群衆が存在するところ以外では起こりにくいのです。

しかし地震の場合のパニックには、一般の災害とはまったく違う面があります。揺れている最中はみな動けないので、その間、集団的パニックが生じることはあまりありません。そのかわり、揺れが収まった後には、長い期間にわたりさまざまなパニックの問題が起こってくるでしょう。

災害の最中は、精神医学的にはパニックというより個人の不安心理から瞬間的に我を忘れることはありうると思います。これはほんのわずかな時間ですが、人間はほんのわずかな時間に犯した間違いで生命にかかわる状況に追い込まれることがあります。そこで、災害の予防段階から災害時、災害後の長い期間に向けて、地域防災活動を行っていくときの精神面について、述べてみたいと思います。

災害が起こっているときは、心を大事にするよりも、まず命を守るというのが最重要になります。ただ、繰り返しますが、自分の気持ちが冷静で安定していれば命も守りやすいものです。仮に命が危ない状況になっても、じっくり自分を見つめたり、希望を持つ時間があれば、人間

の命とは不思議なものでずいぶんと生命力が湧いてきます。

　1800年代前後のアメリカでこんなことがありました。手術を受けた場合、ネイティブ・アメリカンと白人では、術後の生存率がまったく違うというのです。

　なぜかというと、白人は手術を受ければ助かるかもしれないと思うのに対し、ネイティブ・アメリカンは病気を自然と自分との対話の関係で考えているので、手術によって身体を切られることで命が助かるなどという概念は持っていなかったからです。

　むしろ、手術室などに入ると命をなくすんじゃないかと思っている。このように手術に対する思い入れや希望が違うだけで生存率が違ってくるのです。

　そういう意味では、やはり気持ちの問題は大事だといえるでしょう。

■どうすれば冷静に行動できるか

1. シミュレーションを繰り返す

　緊急時にどうすれば冷静になれるか、これはなかなか難しい問題です。

　たとえば、カトリック教徒などは十字をきることで、気持ちをスッと落ち着けることができますから、とっさのときにかなり強いといえます。そういう文化が日本にあればいいのですが、それがない場合どうするか。日本には「敵を知り己を知れば百戦危うからず」という諺があります。まず第1に敵を知ること。これが重要です。敵はこの場合は地震です。

　知らなければ対処のしようがありませんから、やはり知ることが第一歩です。掛川市の場合、地震についての知識はかなりあると思います。ただ知識を増やすだけではなく、常にいろいろな場面を想定してみることです。ときどき思い出して、この場で地震が起きたらどうするかと考えてみてください。人間の脳というのは不思議なもので、知ったことは繰り返し確認することで、深まり広がるのです。したがって、ぜひシミュ

レーションをしてみてください。

　また知識を実際に使ったり、人に教えて広げていくことは、結果として自分の知識を広め、増やす機会にもなるのです。つまり自発的なボランティアの活動に加わることは、自分や家族の身を守ることにもなるのではないかと思います。

　人間とは不思議なもので、過去に経験したことがあったり、自分が何度もシミュレーションし常に考えていると、その事態に実際に出くわしたときにも、事態そのものに巻き込まれないで、自然と距離を置いて考えられる面があります。

　たとえば自衛隊が災害出動に強いのは、その状況に巻き込まれないために、知識を増やし、その状況を考えつづけているからです。あるいは、航空機事故に遭った際に最も落ちついているのは、やはり客室乗務員(スチュワーデス・スチュワード)です。常にそのことを想定しているからでもありますが、もう1つは、後で述べるように役割があるからです。その状況のなかで、自分はどんな役割を果たせるか自覚していることも関係してきます。

2. 自分をよく把握する

　第2に、敵だけではなくて己を知ることが大事です。カッとなったり、頭の中が真っ白になったときに、どうしたら自分は落ち着くことができるか。これは人によって違います。昔から「手当て」といいますが、一般的に多いのは精神を集中させるとき、自分の身体の一部である手を身体に近づける行為です。

　小児科医としての余談ですが、子供の指しゃぶりや爪嚙みを、親は「みっともない」といって禁止しますが、嚙んだり、つねったり、自分の身体を自分に近づけることは自分を取り戻す大事な手段なので、怒ってはいけないのです。

　私は今でも爪嚙みをしますが、思春期になって異性の目を気にするよ

うになってからは人前でしなくなりました。親が心配しなくても落ち着くところに落ち着きます。ロダンの彫刻の「考える人」も指しゃぶりをしています。あれは集中力を高める行為で、ひとつの自己抑制方法なのです。このように、自分なりに自然と気を落ち着けられるような方法を何か見つけるといいでしょう。さきほど述べたように、カトリック教徒が十字をきる行為などは、これと同じ効果があると思います。

　ただ、その前に大事なことは、災害が起きる前にどうすれば自分が安全か、我と我が身を守る知恵をいろいろな場所で再検討しておくことです。それによって、敵を知るだけではなくて己も見えてきます。

　もう1つ大切なことは他人を救う技術を磨くことです。静岡大学でもいろいろな訓練を始めており、最初は不安だった新入生たちも、訓練をしていくと「何となく大丈夫な気がしてくる」とよくいいます。実は防災訓練をしたからといって、本当に命を守る技術が増すかどうかはわかりませんが、いい意味の自信をつけることが生命を守るうえで大切です。

　つまり防災のなかでは、己を知る「自己知」といったことは、身の守り方とも絡み合っているのです。さきほど述べた「敵を知り己を知る」ということは、今後も防災活動をつづけたり、考えていくことで、さらに深まっていくことは間違いありません。活動を通して、他人に説明するためには、自分はどうするかを考えなくてはいけない、それが己を知ることにつながるのです。

3. 役割を担っていく

　自分の身を守るというと、我々はつい自分の身を守ることだけを考えがちです。確かに、地震が起きている最中にはなかなか他人を守りにはいけません。

　ですが、そういった状況のなかでも自分を見失わないことは大切です。自分自身が冷静であれば、せめて自分以外の人間に声をかけて勇気づけるといったことが可能になります。

東海地震の場合、揺れを感じてから大揺れになるまで、だいたい10秒ぐらいかかるようです。そこで、揺れ出したと思ったら10秒間は冷静に判断しながら、コンロの火を消すとか、放っておいたら危険だと思われることを皆で処理すればいいのです。
　揺れ出したら自然に数を数える癖をつけておくのもいいでしょう。普通に「1、2、3……」と勘定しても、なかなか時計で測った10秒にはならないので、最もいいのは「0・1、0・2、……」と「0」をつけて勘定すると、だいたい1秒になります。誰かが10秒数えるまでに最も危険なことを処理をして、最も安全なところはどこかを判断し、隠れます。
　その後で揺れは2分少々つづくと考えられます。実は、兵庫県で起きた兵庫県南部地震（阪神・淡路大震災）はわずか十数秒の揺れだったのですが、それですら永遠のように感じた人が多いといいます。さきほど述べたようなやり方で数を勘定し、100まで数えたらもう20から30で揺れが収まると思えば、自分を取り戻せます。そうすれば「もう、どうにもならない」と思わずに冷静に身を守ることができるでしょう。
　そんなとき、身体は動けなくても「数を数えろ」とか「大丈夫だよ」「そこより、もうちょっとこっちに移動したら」などと、ほかの人に声をかけることはできます。これだけでもかなり違います。つまり人間というのは、1人でいるよりも誰かのことを気遣っているほうが冷静になれるのです。
　誰もが親や子といったさまざまな立場を持っています。さきほど述べた客室乗務員や自衛隊員のような特別な役割でなくても、自分なりの立場や役割でいいのです。まず役割を持つ。役割を持っていない人はかなり危険です。そういう人は、ぜひボランティア活動をしてください。すると、自分はこの場で何をするべきか、自ずから役割が見えてくるでしょう。さきほど述べたように、役割を意識した瞬間から、パニックから抜け出せるのです。自分を客観的な位置へ置けるチャンスをつくりだせる

ようにしたほうがいいでしょう。

　他方では、こうした関係や役割を担っていくのは、個人の力だけでは限界があるため、実は行政の役割が非常に大きいと思います。いま述べたような役割を担ってがんばっている人々に、行政はどう動いて救助に向かうかなどを事前に知らせておくことです。そのことによって、実際の場合にも大丈夫だという希望が与えられます。冷静さと安心は希望によって保証されます。こうした希望を保証するのは、行政の非常に重要な務めではないかと思います。

■ 災害時要援護者の救済

　冷静に行動するにはボランティア活動をしておくといいと述べましたが、これから述べるさまざまな災害後のパニックを回避するのに最も有効な手段は「災害時要援護者」と呼ばれる人たちを自分が引き受けていこうとすることです。そういう役割を担うと、ガラっと精神状態が変わります。障害のある人や高齢者は災害時には足手まといになると思われる人もいるかもしれないですが、私はまったく逆だと思います。

　静岡大学では、車イスの学生が防災訓練に加わると「統制のとれた訓練ができない」という議論が起きました。こうした人を担ぎ出すために、特別な準備をしておかないといけないからです。訓練のあり方について議論をするのも結構だが、障害を持つ人が皆と一緒に防災訓練に加わることこそ議論の何十倍も有効だ、と私は思っています。

　なぜなら、車イスの人や寝たきりの人と一緒に防災訓練を行い、こうした人を助け出すトレーニングをしておけば、極端にいえば、自分や家族など健常者が動けない状態になったときに助けてもらうための訓練になるからです。

　今回のような人材養成講座でも、手話通訳を導入すれば耳の不自由な人も参加できます。障害のある人や高齢者が自由に参加できるような訓

練プログラムをつくることができれば、地震のときに自分や自分の家族が同じ状態になったときに助けるための準備になります。

したがって、むしろそういう人たちと知り合い、地域において一緒に生きていくことが災害時の自発的なボランティア、ひいては生き残る知恵につながるのです。通常の生活で積極的にかかわっていくことが災害時の対応を左右するのではないかと思います。

■ 災害時医療の現状・問題点とメンタルヘルス

メンタルヘルスの話に入る前に、精神医学だけでなく災害時医療にかかわること全般についても簡単に説明しておきます。実は現在の日本では、通常の医療と災害時の医療とがまったくかけ離れています。そのことの問題点を指摘したいと思います。

その後で、災害時にどんな精神的なケアが必要かについて、特に精神医療を中心に述べます。災害においてパニックといわれるものは、実は「ストレス性障害」と密接に絡んでいます。さらに、災害時の精神状態には「うつ」という病気が非常に大きな役割を果たしています。そこでこれらを中心に解説します。

最後に、災害時のメンタルケアサービスはどうあるべきかについて、私の考えを述べます。

1. 死因に見る医療体制の変化

現在の私たちと同一種のクロマニヨン人が登場したのが20万年前ですが、人類の死亡原因は、すでにそのときから五大死因に分類されています。

五大死因とは「災害」「戦争」「疾病」「飢餓」「貧困」です。これら5つは相互に関連しあっています。たとえば戦争が起これば、当然、災害に対する備えが弱くなるし、病気や貧困も増え、飢餓が生じます。したがって災害を防ぐことは、これらの問題も同時に防ぐことと密接に関係しています。この観点は、ぜひ押さえておくべきだと思います。

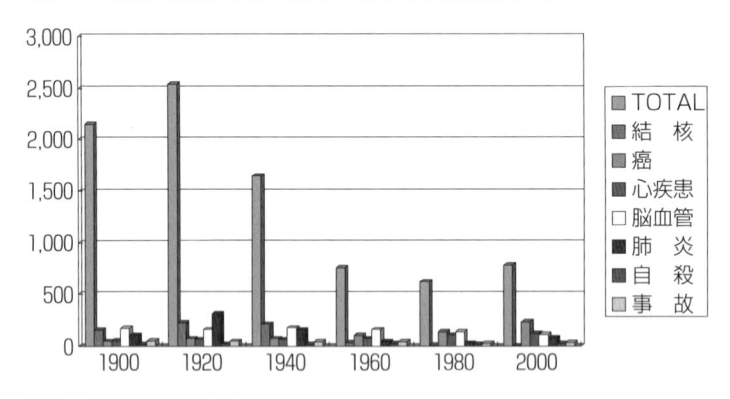

図表1　死因の変化（人口10万人に対する疾患別死亡率）

注1　期間は1900年から2000年
注2　図表1～3および図表5～7は、すべて『厚生の指標』『図説 国民衛生の動向』（厚生統計協会）を参考に筆者が作成

　1900年から2000年までの日本の死因の変化を見ると（**図表1**）、戦前の1940（昭和15）年と戦後の1960（昭和35）年とでは死亡者総数が激減し、変化が生じたことがわかります。
　したがって平均寿命は伸びています（**図表2**）。人類の平均寿命は人骨の調査によれば、この約200万年間は35歳から40歳ぐらいで一定でした。これが現在では、女性は85歳近くまで伸びています。特に第2次世界大戦後の伸びは顕著で、その原因はさきほど述べた人類の五大死因が改善されたからです。
　現在、厚生労働省は、国民健康づくり運動として「健康日本21」を掲げ、その法的基盤として「健康増進法」を策定しました。今や日本の死因はガンがトップで、第2位が心臓疾患、さらに脳梗塞や脳出血といった脳血管障害、これらが三大要因です（**図表3**）。これらを防ぐためには、肥満や高血圧、糖尿病にならないように、タバコやアルコールを制限し、食事や運動に留意した生活をおくらなければいけないというものです。
　ところが、これらはさきほど述べた人類の五大死因とはまったく関係

図表2　死因の減少と平均寿命の変化

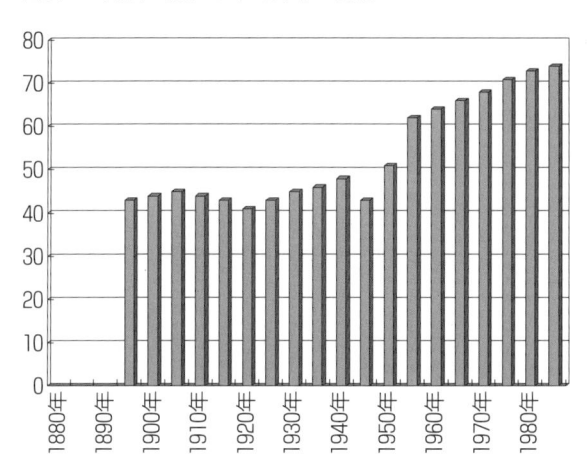

(縦軸: 0〜80、横軸: 1880年〜1980年)

図表3　人口10万人に対する疾患別死亡率の変移

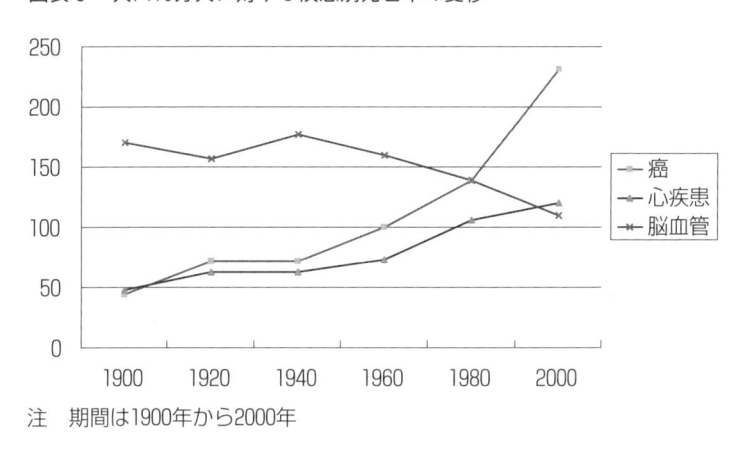

(凡例: 癌、心疾患、脳血管)

注　期間は1900年から2000年

がありません。人類の五大死因である「災害」「戦争」「疾病」「飢餓」「貧困」は、いわば欠乏に基づく死因でした。今でもアフリカなどでは二十数人に1人が麻疹（はしか）で亡くなります。ところが今や日本では、予防接種をしなくても麻疹で死ぬことはきわめて稀になりました。子どもが麻疹にかかっても、死亡率はわずか10万人に1人です。明治のころは、

図表4　鉄鋼生産量と平均寿命

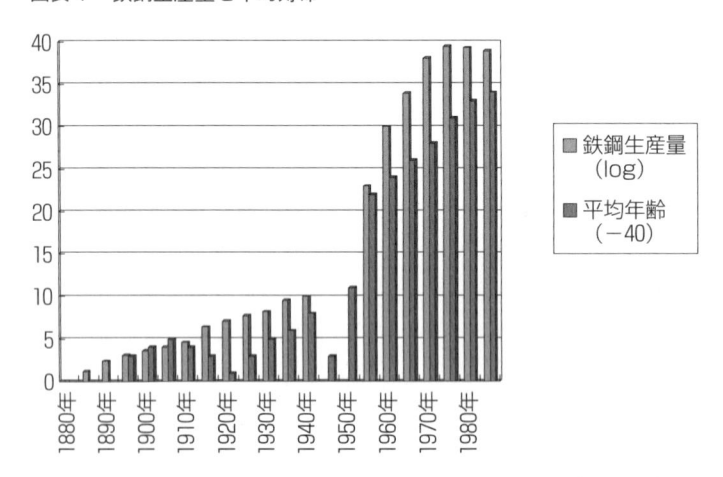

グラフ：1880年～1980年の鉄鋼生産量（log）と平均年齢（−40）の推移

注　『厚生の指標』『図説　国民衛生の動向』（厚生統計協会）および『数字で見る日本の100年』（矢野恒太記念会）の数値を参考に筆者が作成

日本でも100人に1人ぐらいの割合で麻疹によって命を落としました。麻疹にかかっても貧しくて栄養が足りず、発熱しても冷やしたり、身体を温めるなどの適切な処置ができなかったため死に至ったのです。薬がなかったせいではなくモノが欠乏した環境だったからです。

　これに対し、今の死亡の最大要因であるガン、心臓疾患、脳血管障害といった3つの病気は、ご存じのとおり過剰が原因です。糖分をとりすぎて糖尿病になったり、肥満のせいで脳血管障害や心臓疾患になる。ガンは長生きするようになって増えました。つまり、今の日本では従来の欠乏による病気ではなく、過剰による病気に主軸が移行したのです。

　図表4は、明治以来の鉄鋼生産量と平均寿命の変化を表しています。鉄鋼生産量が表すのは重工業の成長です。自動車・船舶等の生産、高層建築物などは、すべて鉄鋼生産力の増大にかかっています。つまり鉄鋼生産量は工業化の指数としてその国の工業の発展度を最もよく表します。平均寿命と鉄鋼生産量の伸びはピッタリと一致しています。かい離

しているのは、日清・日露戦争と第1次世界大戦のときです。このときは平均寿命は下がり、鉄鋼生産量は増えています。「国が栄えて人が死んだ」時代です。第2次世界大戦では人も国も死んだことになります。そして現在は第3のかい離が起こっています。

この第3のかい離の時代の医療が、さきほど述べた「健康増進法」という法律です。このかい離への対策として、ガンや心臓病、糖尿病といった生活習慣病を防ぎ、健康長寿を目指そうということで、医療制度改革の一環として同法は2002（平成14）年に国会を通過し、2003（平成15）年5月から施行になりました。「国民の責務」として「健康な生活習慣の重要性に対する関心と理解を深め、生涯にわたって、自らの健康状態を自覚するとともに、健康の増進に努めなければならない」とうたっており、一見いい法律のようです。この法律の第25条によって受動喫煙防止は義務化され、自治体レベルでは罰則付路上喫煙防止条例なども施行されています。

しかし、過剰がいきすぎると怖い状況を招くかもしれません。

先述のように、日本では麻疹で死ぬのはわずか10万人に1人です。そんな国で、さらに健康だけを追求していくような医療体制は、逆に災害時にはまったくもろいのです。過剰による病に対処するあまり、欠乏の病にもろい病院医療ができ上がっています。

当然、地震は五大死因のうちの災害に入り、一歩間違えれば「飢餓」「貧困」「疾病」をも生み出します。つまり、欠乏の医療が問題になってくるのであり、今の医療体制が抱える最も弱い部分なのです。

さきほど私は、身体の問題は心の問題とつながることを指摘しましたが、心の問題でもこうした不備は大きな不安とつながりかねない面があるだろうと思います。

2. 地震の際の救急救命の特徴

このような問題をはらんだ状況のなかで、医療関係者として改めて考

えなければいけないことのひとつが、災害時医療としてのメンタルケアです。日常的な医療体制と災害時医療の違いをもう少し具体的に説明します。

通常「救急救命のＡＢＣ」といわれるのは以下のものです。

A＝Airway（気道）……呼吸確認と気道確保
B＝Breathing（呼吸）……人工呼吸
C＝Circulation（血液循環）……心臓マッサージ
D＝Drug（薬）
E＝Electric Shock（電気ショック）
F＝Fluid（液体）……輸液
G＝Glucose（ブドウ糖）／General Care（一般的治療）

「Airway（エアウェイ）」とは気道のことです。気道が塞がれて窒息したら危険なので、救急医療ではまず息ができるように気道を確保します。確保したうえで息をしていなければ人工呼吸（Breathing）を行います。呼吸が戻らず心臓が停止していたら心臓マッサージ（Circulation）をします。ここまでが一次救命処置です。ここまでで心臓と呼吸停止が回復しなければ、薬(Drug)を投与し、それでも効果がないときは、電気ショック（Electric Shock）を与えて心肺回復をはかります。これが一般的な救急救命ですが、地震の場合は少し変わってきます。

まず気道確保は、救急車がすぐに来ないので、救出した人がしてあげないと助かりません。人工呼吸も同様です。さらに心臓マッサージが必要な場合とは心停止状態ですが、災害医療時は「トリアージ」（Triage：災害時発生時などに多数の傷病者が同時に発生した場合、傷病者の緊急度や重症度に応じて適切な処置や搬送を行うために、傷病者の治療優先順位を決定すること）があるため、通常なら心停止状態の患者は最優先されるものの、震災時は病院へ搬送して処置するまで保たないので、まだ助けられるほ

かの人を優先します。つまり、まだ生きていてもほぼ死んだ人とみなされるのです。すると「救急救命のＡＢＣ」自体が変わってきます。

　Ａの救出して気道を確保するのも大事ですが、埋まっていて周囲に息ができるスペースがなかったら、まずそれをつくり出してから救出をはじめなくてはいけません。次にＣの血液循環にとって心臓マッサージ以上に大事なのは止血です。出血多量で心臓が止まらないようにするためには、出血を止める方法こそが最も大事な手段です。Ｄの薬で最も大事なのは細菌の感染を防ぐ薬。Ｅはエネルギーで寒暖を防ぐことになり、Ｆは水分、Ｇは栄養です。水と食糧がなければ人間は生きていけません。

　こんなふうに「救急救命のＡＢＣ」が先述の通常事態とはまったく変わってくる。しかも、これを担える人は医療スタッフではないのです。

3. 地震災害医療の問題点

　ある医療グループが阪神・淡路大震災時の医療問題をまとめていますが、それによれば、災害時には調整・司令機関がうまく動かず、ライフラインが絶たれ、さまざまな必要物資が届かなかったといいます。また、ただでさえ日本の医療はもはや災害向きではないのに、医療施設が破損して使えなくなった状況のもとで「トリアージ」という特別な医療が大変な混乱をもたらしました。

　そのなかで最も問題だったのは時間的なニードの問題です。時間の経過につれて必要な処置は刻々と変わってくることを計算に入れて対応していかないと、間違いが起こるということです。ケアをしたり救命救助をする側もこの時間変動に対する認識を持たないと、かえって行動が空回りしたり、自分が疲れきって問題を起こすことになってしまいます。

　さらに問題なのは感染症です。過剰に豊かな時代にあって麻疹で10万人に１人しか死なない国民だから、本来は強いはずです。災害に対しても世界中のどの国の人よりも強い身体を持っていますが、何日も被災生活がつづき、通常の栄養過剰な状態から急に欠乏に変わると、とたんに

感染症に弱くなります。細菌やウイルスなど、外界に住んでいる生き物に対する抵抗力の弱さが大きな問題になります。

災害後1週間ほどは外傷などの合併症、2週間後は生活の危機の問題、1か月後はリハビリ、半年後は後遺症と、対応すべき問題が時間の経過とともに変化していきます。

これらは身体面でのケアですが、加えてさらに重要なのが、以下に述べるメンタルヘルス、生活環境の問題です。

時間経過と精神的ケア

災害発生後、どのように精神面のケアを行うべきか、これは身体同様、災害直後・数日間・1週間ごとに問題が変化していきます。

災害直後はショックや自失に見舞われているので、様子を見守ったうえで自分を取り戻せるような適切な役割を準備しておくことが重要です。

実は災害直後というのは、ショックを受けて誰もが落ち込んでいるかというとそうとは限りません。私は神戸の生まれで、阪神・淡路大震災のときは海外にいました。国内電話がかからないときでも国際電話のルートは確保されているようで、海外から友人にかけた電話はどれも百発百中でつながりました。すると、無事だった友人たちは打ちひしがれているというよりは、家族が亡くなったり、行方不明になったりしていない限りは、どちらかというと皆はりきって興奮していました。

こんな話もあります。私がよく知っている神戸のある地域では、地震が収まった後に人々が外に出てきて、顔を見合わせて「いやー、生きてよかったな」と言った後で「しかし、本当に神戸にいてよかったよ」と話し合ったというのです。なぜかというと、神戸には地震が起こらないと思いこんでいたため、震源地が神戸だとは思わなかったからです。つまり、関東方面で大地震が起きてそれが神戸に波及したと考えたため「神戸がこんなに揺れたのなら、きっと東京は壊滅状態だ。神戸に住ん

でいてよかった」と皆で言い合ったというわけです。なかには「これからどうやって東京を助けにいこうか」という話さえしていたそうです。
　そのうちにニュースで情報が入って、想像していたのとまったく違うとわかった瞬間、皆はすごく落ち込んで「自分たちは被災民になっちゃったのだ」と実感したそうです。
　これは極端な話にしろ、神戸の人々は災害直後、東京の人たちを「どうやって助けにいこうか」と考えるぐらいですから、精神的には比較的元気です。しかし、実はこの元気さが、それ以降、精神的に大きな足かせになってくることが多いのです。このことを押さえておく必要があります。
　数日間は興奮がつづきます。ですが、さきほど述べた適切な役割と適切な認識を持たないと、これが裏返しになって、1週間も経つと高揚気分だけが残り、身体は疲れてきます。ここのかい離をうまくこえないと、やがてうつ（MDI）などの問題が出てきます。
　2週間も経つと不安や不眠という精神症状が発生し、1か月も経つとうつを含む依存的な状態が問題になってきます。
　半年以後は、経済的状態に応じて復興に対するさまざまな問題が生じ、PTSD（後述）といわれるような精神状態になる場合があります。

■ 災害とストレス障害

1. ストレスとは何か

　「ストレス」という言葉は通常よく使われますが、なんらかの刺激に対する生体の反応なので、あるのが普通であり、適切なストレスは人間にとって非常に大事なものです。人間というのは安楽に埋没するものではなくて、苦悩とぶつかる生き物だからです。
　ストレスの例として子供の夜泣きを考えてみましょう。子供が夜泣きをするのは親が子供をちゃんと育てていないからだとか、愛情が薄いか

らだという間違った心理的解釈をする人がいるせいで、親はよく心配しますが、そんなことはありません。

たとえばボタンかけを覚えはじめてうまくできないと、子供は夜泣きをすることがあります。ところが、できるようになると、夜泣きもスッと止むのです。

このように人間というものは、苦労を探し出す存在なので、ストレス自体は必要なものなのです。このストレスの反応として身体が直接反応して、夜に眠ることができなかったり、疲労で身体に疲れがたまってくるのです。

ストレスに関してもうひとつ重要なのは、自律神経への影響です。後述しますが、刺激が加えられると、刺激への直接の反応以外に内分泌物が分泌され、自律神経の反応によって刺激が身体に与える影響を最も適切な状態に調整しようとする防御反応が起きます。

しかし、刺激が一定の限度を超えると、体内での防御体制が破壊され、心拍の増加や血圧の上昇などといった体内変化をもたらし、やがてストレス反応が起きます。

さらにストレス反応が長期にわたって継続すると、精神的な症状と結びついた身体の反応、つまり病気が生じることがあります。たとえば、ストレスによる代表的な病気は胃潰瘍や十二指腸潰瘍、不整脈などの心身症です。

災害のときには当然、通常以上のストレスがかかります。ストレスがかかるとどんな変化が生じるかを示したのが**図表5**です。感染症の罹患はストレスと密接に関係しており、50歳を過ぎると感染に対する抵抗力が低下します。事故が増えてくる年齢も同じですが、これは注意力の低下などのせいです。つまり、肉体においても精神においても、50歳を過ぎると急速にストレス状況に弱くなるのです。自殺は40代ぐらいから増えはじめます。

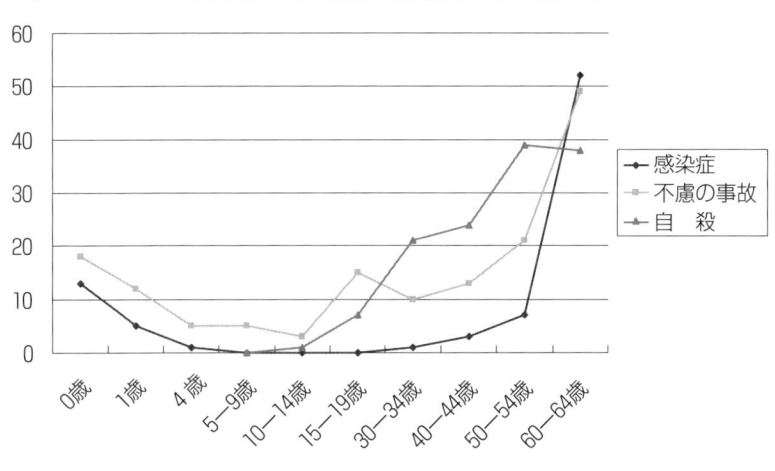

図表5　ストレスと身体消耗（年齢別・疾患別死亡率／1999年）

このようにストレスは通常でも心身に影響を与えています。これが災害時にはもっと拡大されるのです。

2. ストレスと自律神経

　私たちは通常、意思に従って身体を動かしています。手を動かそうと思って手を動かします。しかし、心臓の鼓動を1分間86回にしようと思ってもできません。心臓の動きは自律的なもの、つまり人の意思に関係なく自動的に制御されているリズムなのです。これをコントロールするのが自律神経です。

　この自律神経には交感神経と副交感神経の2つがあります。交感神経が活発化するとどうなるか。たとえば獲物を狙っている猫でいえば、耳がピンと立ち、毛やしっぽが逆立ち、目がランランと輝き、うなり声をあげ、心臓の鼓動は速まり口の中は乾いています。こうした状態が交感神経緊張状態です。

　一方、獲物を獲り終えた猫は、耳も下がり、毛も寝て、目も優しく細くなり、心臓の鼓動はゆっくりし、口には唾があふれています。このリラックスして休息に入るときの状態に活発化するのが副交感神経です。

自然な生活をしていたころは、獲物がしょっちゅういることはないので、どんなに緊張してもそれが1日中つづくことはありませんでした。ところが現代の文明生活では、その日のうちに終えなくてはならない仕事があったり、1日中会議がつづいたりと、そろそろ緊張をとくべきなのに交感神経が活発化したままの状態を持続させられます。これは無理な状態です。災害時にはこうした無理が生じます。

　自律神経系は、本来はこの交感神経と副交感神経が適切に（理想をいえば1、2時間ごとに）交互に活発化するといいのですが、上記のような無理がつづくとそのリズムが崩れます。当然、ストレスは非常にたまりやすくなります。

　ストレスはどんなことを引き起こすかというと、感情面にまず変化が生じます。無感動で感情が麻痺する。孤独感に陥ってイライラする。眠れない。怒りやすくなる。疎外感、恐怖、落込みなど、挙げればきりがありません。

　感情の変化だけではなく、実は思考面でも、集中力が低下し、考えたくても考えられず、混乱しやすい。もの忘れが激しく、判断力がなくなるといったことが起きます。

　行動面ではケンカ、引きこもり、トラブルなどが起きてきます。

　身体面の変化については省きますが、通常の生活のなかでもこうしたことを感じたら、疲れているのだと判断して早く休めば回復します。必要なのは、休息と安心できる人間関係、そして自分を責めないことです。

　1週間から2週間ならこうしたストレス状態にも耐えられるのですが、それ以上無理をすると、抑うつ症状や急性ストレス症候群などの病気が起きてきます。

3. 災害にともなうトラウマ

　トラウマ（精神的外傷）は、通常のストレスとは違って災害時に特有のものです。なぜなら、通常とは違い、災害時にはまず「外傷体験」と

いうものが生じるからです。

　災害はきわめて重い負荷を心に残します。たとえば親しい人の死やそれを救えなかったという無力感は深い心の傷となります。ただ間違えないでほしいのは、地震が起こったら即座に心のケアが必要だということではありません。トラウマという言葉は最近はやっていて、心のケアブームですが、人間というのは子どもであれ大人であれ、少々のことで心がだめになるほど弱くはないのです。災害直後の心の外傷に必要なのは、1杯の温かいお茶とりんご1つ、そしてそれを持って一時そばにいてくれる人間の存在であって、決してトラウマの話を聞いてくれるそれではないのです。

　トラウマを体験するのは恐ろしい災害の場合ですが、後で述べるように、災害の後の経験が外傷自体をとても強い味方に変えてくれる場合もあります。この点で、世間でいわれているようなトラウマという言葉は、ほとんど間違っていると私は思います。

4. 解離性症状

　こうした体験によって処理しきれないストレスがつづくと、解離性症状というものが発生します。

　自分では抗えない力によって非常に恐ろしい体験に見舞われた場合、たとえばレイプ、強盗に包丁を突きつけられて意に反することをさせられた、戦争で人を殺す体験をしたといった、本来の自分なら絶対にありえない、自らの意に反することを体験させられた場合にこれは生じます。ここに地震などの被災経験も含まれます。

　こうした体験の最中に心に何が起きるかというと、自分の意思に反することをさせられるため、考えが麻痺します。そして、自分だけが抗えない状態に置かれていると感じるため、孤立感に襲われます。すると物事に注意を向けることができなくなり、だんだん現実感が消え、自分が行っているという実感がなくなるのです。

最もわかりやすい例は、戦争で人を殺した際、自分が殺しているとはとても思えず、自分の横に立っている人間が殺していると思いこむケースです。

　あるいは、これは気をつけるべきことですが、性犯罪被害者に対し「なぜはっきりノーと言わなかったの」と責める場合がありますが、言えないのです。抗いがたい外力にいったん打ちのめされたら、よほど強い人でない限り拒否できなくなってしまい、むしろ自分の意思を裏切って、従順に従わざるを得ないように心身が動いてしまうのです。トラウマと解離性症状にいったん巻き込まれたら、自分とはまったく違うものになって行動してしまうということが現実に起こるのです。

　本来の自分とはまったく逆の人間になることが災害時にはあります。別の言い方をするなら、私たちはこれが「私」だと思っている「私」以外の「私」というものも、豊かに抱えているということです。そのひとつの現れが、さきほど述べたように、手を動かそうと思えば動かせる一方で、心臓の鼓動を変えることはできないという関係です。自分の心臓であっても、心臓は自分の意思とは関係なく勝手に動いているのです。この「勝手に動く自分」がいるということを知っておく必要があります。

　恐怖を体験したときには通常の自分とはまったく違った別の自分が動き出すので、これと距離を置くために、さきほど述べたようなボランティアや、自分を取り戻す術を身につけておくことが望ましいと思います。

5. 急性ストレス障害

　前述のようなことが起きた後、通常の生活に戻っても、また災害時と同じような精神状態が出現することを「ストレス症候群」といいます。地震が過ぎた後も「また起きるのではないか」と怖くなり、そのときのことを夢に見たり、また起こるのではないかと思うと、それが起きた場所から逃げ出したくなる。「もう安全だから家に帰るように」と言われても、戻りたくなくて避難所にいるというのもこれに似た心理です。

さらにこの不安が長くつづいたり、さきほど述べたように、高揚してはりきった状態が1週間以上つづくなら、それは病的症状と判断できます。はりきった興奮状態も1週間ぐらいまでならむしろ当然なのですが、1週間を過ぎてもつづくようであれば、これはもはや病気への入り口と見てください。

　このことは通常の仕事の場合でもそうです。大変な仕事を抱えたから、休みを犠牲にしてこなそうというのはわかりますが、連日無理をつづけると、この状態に陥ることがあります。それほど起こりやすい症状ですが、通常はその事態が過ぎ、沈静化すれば状態は容易に落ち着きます。

　こうした症状が起こりかけたら心身ともに休息し無理をしないことです。ところが、災害時にはそれが難しいのです。ほかの人たちががんばっているときに「自分だけが休むなんて許されない」と考えがちなのですが、この考え方は捨ててください。自分のペースで行うことが、最後にはいい結果を導くのです。しかしこれが日本人の弱点で、隣が何かしているときに自分が何もしないではいられないのです。

　私は、昔からの伝統と連帯のある地域は災害に対してとても強い地域だと思いますが、1つだけ気をつけるべきことがあるとすれば、隣近所と合わせようとは絶対にしないことです。協力しないということではなく、協力はしあうけれど、ときにはさぼったり、共同作業を行わないこともあっていいとお互いに認め合うような環境をつくるのです。これは非常に重要なことです。

　自分の弱みをさらけ出すことも日本人は下手ですが、不安や恐怖などは遠慮せずに「自分にはできない」「今日は勘弁して」「怖かった」などと率直に口に出してください。だからといって、そんな人間は弱虫だなどと考えてはいけません。むしろ、言える人こそ強いのです。他者からのサービスも遠慮せずに受け入れることです。私たちは他人に何かしてもらうのを潔（いさぎよし）としない面がありますが、これも気にせず

に、むしろお互いにできるだけ迷惑をかけあえばいいと考えましょう。

　これを通常から身につけるために最もいいのが、さきほど述べた障害を持った人たちと接することです。たとえば車イスを押したり、知的障害がある人を手伝ったりするということは、本来、手伝う側にとってこそ意味があるのです。なぜなら、そうすることで本当の安全を得られるからです。実は、ハンディキャップを負った人を邪魔者扱いする傾向が強い地域ほど、「怖かった」「できない」といったことがいえず、ストレスからの脱出が難しいのです。

　日ごろから弱者とされる人に大いに学んでいくことで、災害時に最も命を奪う確率の高いストレスから免れることが可能になると思います。

　ともかく自分流を見失わず、かつそのことを他人も自分も絶対に責めないことが、災害のときには非常に大事です。それができるようになるには、普段から地域と関係を持ち、障害者などの災害時要援護者と知り合うとともに、皆で地震の際のシミュレーションを考えてください。地域で日常的にできるボランティアをすることが災害の際に非常に重要になると思います。

6. PTSD

　PTSD（Post-Traumatic Stress Disorder：外傷後ストレス障害）は、さきほど述べたような外傷体験があり、その外傷体験を繰り返し体験するという障害です。地震を体験した後、しばらく恐怖感がつづくということは誰にでもすぐ起こりますが、PTSDはそれとは異なります。では、これはどういうことで起きるのでしょうか。

　ベトナム戦争後のアメリカで不思議なことが起きました。戦争中、勇敢に戦った兵士たちが祖国へ帰還し、皆に祝福されて、当人も幸せだと感じたその後、突然、平和なアメリカで戦火のベトナムにいるような感じに襲われ、おびえて逃げ出し、怖がるようになったのです。

　戦争の話やそれに関連したものの音を聞くと、その場所にいられなく

なり、やがて家から外へ出られなくなりました。戦争と直接関連しなくても、たとえば自分が人を撃ち殺したときに聞いた時計がボーンと鳴る音と同じような音を聞いた瞬間、何も考えることができなくなってしまう。だんだん周囲から孤立して、無感情・無感動になり、何年も真っ暗な部屋に閉じこもって暮らすようにすらなったのです。

　これは、急性ストレス障害が1か月もあれば回復するのに対して、1か月以上経ってから、それまでは元気で、まったく何も感じていないように見えた人も発症します。いったん生じると、5〜10年、最悪の場合は一生にわたって恐怖を味わいつづけることになります。しかもその恐怖は起きているときだけではなく、眠っているときにも訪れるため、眠るのすら怖くなります。四六時中過剰な警戒心でびくびくして暮らし、社会生活もおくれない。このようなことがベトナム戦争後に注目されました。

　実は、これはさきほど述べた外傷体験に関係があります。ただし、地震の場合、外傷そのものよりも、自分を含め周囲が震災後どう生きていくかということのほうが大きく作用すると私は思っています。

　人間は通常の冷静な記憶のほかに、整理不能で爆弾のようにいつ爆発するかわからない外傷体験の記憶をいつまでも抱えています。通常の冷静な記憶は、新しい記憶の倉庫（短期記憶）に蓄えられた後、だんだんと中期記憶となり、3年ぐらい経つと長期記憶になります。この短期記憶や中期記憶に蓄えられた記憶が、さきほど述べたように生々しく蘇っては、あたかもまだその場にいるかのような精神状態に人を引きずりこむのですが、長期記憶になるとほとんど表だって登場しません。もはや完全な過去として、教訓のようなものと化して残っているだけです。それでも、たとえば何十年か経っても、まだ小学校のころの試験の夢や先生や親に怒られた夢を見ることがあります。また定年退職した後でも会社に遅刻する夢を見たりします。このように古い記憶も夢の形でならときどき出てくることがあります。

厄介なのは、短期記憶とその処理過程にある中期記憶です。地震であれ、戦地での殺りくであれ、レイプ被害であれ、強盗被害であれ、外傷記憶が長期記憶に変わっていくには、それを体験した後、自分が社会のなかに安心して位置づけられたという体験を経ればいいのです。ところが震災後はほかの人がどんどん豊かになっていったり、あるいは自分がたまたまケガをしていて人を助けられなかったりといった、ややもすると自分を社会のなかへ位置づけにくい状況が生じ、震災時の外傷体験に輪をかけることになります。これが阪神・淡路大震災後も外傷記憶から抜け出せない人たちを多く生み出したのです。

　人間の記憶というのは睡眠時に処理されています。ちょうど昼間に見聞きした情報を家へ帰ってから切り抜いてファイルに保存したり、整理したりするように、記憶というのは、昼間起きている間ではなく、睡眠中の夢のなかで１つずつ処理され、短・中期記憶の倉庫から安定した長期記憶に入れられたり、まだ整理できないものは中期記憶の倉庫に残すなどして分けられていきます。つまり処理できないものは中期記憶に残されるのです。夢には昔と今が混在して出てきますが、実はこうした記憶処理をしているせいなのです。

　この作業の過程で、さきほど述べた恐ろしい体験の記憶は中期記憶から長期記憶へとすんなり処理されてくれません。３年経てば長期記憶に至るはずの処理が、記憶自体がばらばらになっているせいでずっと中期記憶に留まりつづけます。実はこうした状態がＰＴＳＤだと考えられています。

　急性ストレス障害やＰＴＳＤは、通常の生活でもショックな体験をすれば当然起こります。今の若者になぜ多いかというと、大人が若者の状況を自分の若いころと同じだと思えないせいなのです。表向き違っているように見えても、今の若者も昔の若者とまったく同じです。

　ところが、大人の側は自分たちが体験したことがない事態に接して慌

てて騒ぐので、その騒ぎ方を見て、若者は自分が体験していることを大人と共有することができないのです。このため、若者が簡単なことにぶつかっている場合でも、良い方向へ指導できる大人が減りました。災害時にボランタリーな活動をする際にも、若者に説教をしたり鍛え直そうなどと思わないで、自分も同じ体験をしてきたのだと伝えることが若者を育てるのだと思えば、この問題はずいぶん解決します。

実はトラウマを体験した若者は、いい大人と出会うと、ずっと安穏に生活してきた若者よりすてきな成長を遂げます。芸術・思想・宗教・社会活動などの分野は言うに及びません。どの分野でも人々の共感を呼び起こすような歴史上の人物の大部分は、トラウマを体験しています。

■ うつとそのケア
1. うつのメカニズム

うつ状態（DSM-IIIR）とは、トラウマとはまったく違うメカニズムで起こります。気持ちがうつうつと沈んで晴れないという抑うつ状態が継続し、気がつくと何に対しても興味も喜びもわかない。食欲の異常で体重が極端に増えた、あるいは減ってしまった。眠れないか、1日中寝てばかりいる。何も考えられない、または常に何かしなくてはいけないと非常な焦りを感じる。疲れやすく、気力がわかない。すべてがむなしい。「私はだめな人間だ」と自分を責める。思考できない。そしてついには自殺を考える。これらのうちの5つぐらいが2週間以上にわたって繰り返し起こってくる状態を「うつ」と呼び、現代では非常に多くの人が体験するといわれています。

うつは自殺の最大原因とされますが、年齢ごとの自殺死亡率を比べると、アメリカとスウェーデンは大変似ています（図表6）。実は日本は10年ほど前まで、両国のグラフのはるか下に位置していました。日本は子どもの自殺が増えていると騒がれましたが、実際は違っており、自殺

図表6　年齢ごとの自殺死亡率（国際比較：男子）

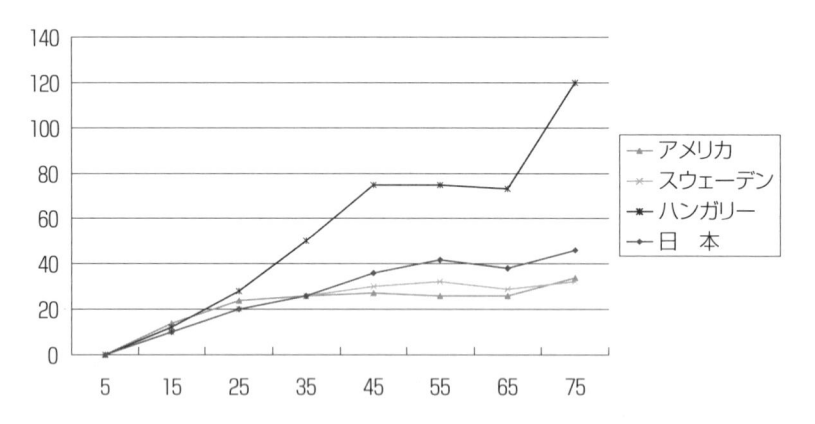

図表7　自殺死亡率の経年変化（日本、男子）

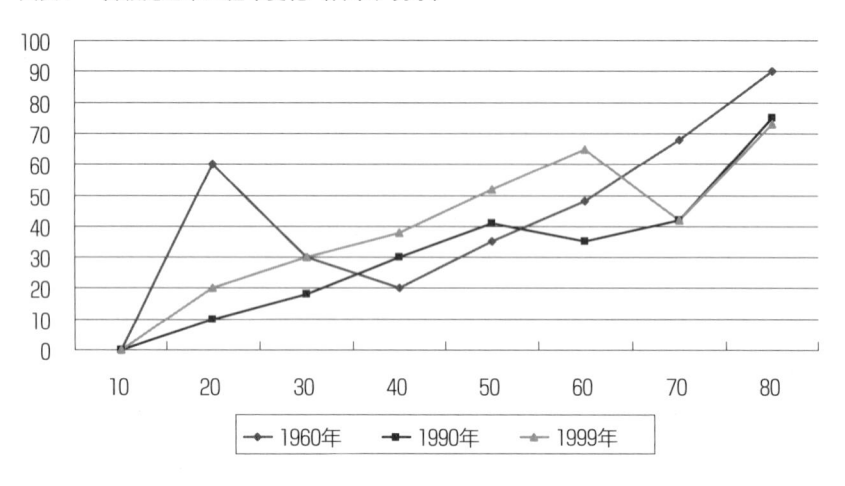

　死亡率はつい10年前までは**図表7**のようでした。当時では世界の最低水準に近く、日本の歴史においても明治以来最低です。だいたいマスコミの子ども論は統計的にはデタラメばかりです。現在、少年犯罪が増えているというのもまったく根拠がありません。むしろ減っているぐらいで、明治以降で見ると少年による殺人が最も少ないのが現代です。

ハンガリーの自殺死亡率は、1990年代後半から図表6のようになりましたが、同じ欧米圏でアメリカやスウェーデンとこんなに差が生じた理由は、明らかに社会不安が増大したせいです。図表7の1990年と図表6を比べると、日本も自殺死亡率の増大が顕著ですが、これは不況による就労年齢層の自殺の影響で、青少年層はまったく変わっていません。

　図表7を見ると、1960年だけは戦後の特殊事情で若年者の自殺死亡率が高かったことがわかります。1999年も90年と比べ上昇していますが、60代の自殺が増えています。この年代は常に多いのですが、最近の傾向として、急激に増大したことが問題です。

　これは社会がゆとりを失って60代のうつが増えているためです。なぜこの世代にうつが多いのかというと、老人は生きる希望がなくなるからです。50代が高いのも、不況で生きる希望を失っているせいですが、もう1つの理由は、この年代こそ無理ながんばりをして心に疲れを蓄積しているからです。なぜそうなるかを理解するために、うつという病気の本質を見てみましょう。

　神経の伝達機能を模式的に表すと**図表8**のようになります。神経には発電機があって、命令を電気で送ります。頭の先から手の先まで何十本も神経がつながっており、手を挙げようと思えば即座に挙がるのは、電気命令が手の先まで伝わったからです。

　ところで、電気命令はいったん発電が起こると、同一の神経の端から端まではスッと伝わります。神経は顕微鏡で見ないと見えないほど小さいものですが、長さは1ｍぐらいになるものまであります。

　さて、1つの神経に起こってきた電気を次の神経に伝えるかどうか判断が必要になります。たとえば何かを「やるべきか・やらざるべきか」。やらないと決めたら、命令は次へ電気として伝わりません。やるべきと決まったら命令が伝わる。こういうために、神経と神経の間は電気が直接には伝わりません。その神経と神経の間を上から下に命令が伝わると

図表8　神経伝達物質とうつ状態

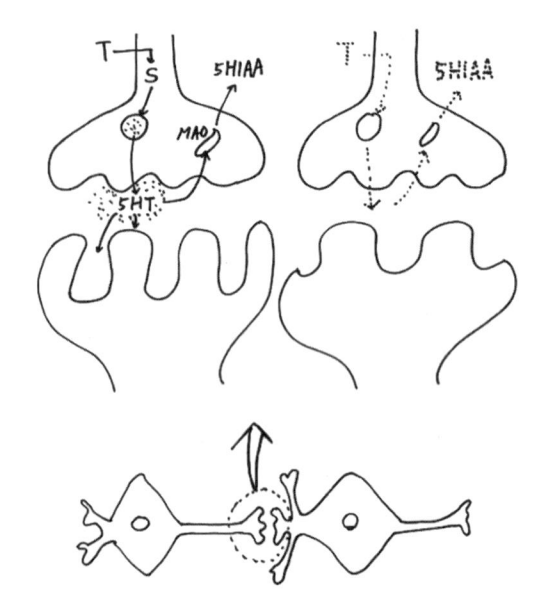

します。

図表8をもう1回ご覧ください。左が正常な場合で、右がうつの場合です。実は、うつというのは「根性がないせいだ」とか「気力が足りないせいだ」などとずっと考えられてきたのですが、最近の科学でわかったことは、むしろ根性や気力のある人ほど「うつになりやすい」ということです。図表8の左右の差は何かというと、神経の中で伝わるはずの物質が右では空っぽで、左ではたくさん出ている。この物質がうつのときは減ってきたということです。

どういうことかというと、電気が伝わってくると物質の貯蔵所を刺激して、上の神経の末端から「命令を下へ伝えなさい」と物質を出します。「止まれ」という場合には出ません。すると不思議なことに、相手側ではこの物質をポンと1回受け入れたら電気を出す。実はこの物質はたくさん出てくるものなので、本当は1回だけ伝えればいいものを、多く出ただけ命令をどんどん伝えてしまいかねない。それではいけないということで、この物質をすぐに消す物質があり、下へ1回届いた瞬間に上が吸収してしまって分解する。

まだ未解明な部分が多くだいぶ雑に説明したので、細かいことは忘れていただいて結構ですが、うつではこの物質がつくられなくなっている

といった変化が起こっているとがわかりました。

　なぜこのようになるかについては、いろいろな説があります。実は今の説明はその中のひとつで、ほかにもいくつかあります。わかりやすくいえば、神経をあまりにも過剰に使いすぎて、命令を伝える神経伝達物質の製造が追いつかなくなったため、何かしようとしてもできない状態になるのです。

　人間の脳は何かが入力されたと感じると、それが何であるかを認識して分類し、判断します。何か行うと決断したら、そう指令を下します。忠誠心や意欲をかき立て、集中して判断し、最後には行動し、調整を行うようにと指令が出されます。通常、脳はこのように機能していると仮定できますが、がんばりすぎて本当は疲れていても、意欲や忠誠心だけを働かせすぎる傾向が人間にはあります。すると、その部分の神経が必要以上にが使われすぎて、そこだけ神経伝達物質がなくなってしまうのです。

　簡単にいうと、食事抜きで８時間は労働できたとしても、50時間働けるかといえば、どんなに気力があっても不可能です。これと同じように、神経にとっての栄養がなくなってしまうから動かなくなるのです。ところがエネルギーがないから動けないのに、まじめな人ほど「そんなはずはない」「自分の根性が足りないからだ」と忠誠心や意欲をかき立て、神経伝達物質がない部分をよけいに強く使おうとします。こうして悪循環になって脳機能が破壊されていくのがうつなのです。つまり、精神や根性のたるみや、気の弱さからうつになるのでは決してなく、むしろ熱心に働きすぎたために神経伝達物質を消耗してしまった「まじめ病」だということがわかってきたのです。

2. 災害時のうつ病

　災害のときに高揚すると、人間は自己暗示によって通常以上にエネルギーを使います。１週間経って「疲れた」というサインが身体から出ていても、がんばる意欲のある人ほどそのサインに従わず、後でガクンと

うつになっていくのです。「燃え尽き症候群」の例を考えてみるとわかりやすいでしょう。

したがって、うつの治療はまず休むこと、それもできれば神経伝達物質が減りはじめる前に休むことです。すでに減ってしまった場合には、抗うつ剤や安定剤などの薬剤を投与して補い、休息をとり、自己と他者との関係をコントロールし、そう状態を抑制すれば、8割の人は3か月程度で完全に回復します。

しかし、災害時に無理をしすぎていったん神経機能を乱すと、長い場合は3〜5年間、あるいは10年間も神経伝達物質を完全に回復できない状態に陥る場合があるので、ぜひ注意してください。

さきほど述べた自殺増加の最大の原因はこの点にあるのです。不況などのせいで無理をしてがんばったため神経伝達物質の不足に陥り、それでもがんばりつづけ、ついには物質がなくなり、まったく心が働かなくなってしまう。エネルギーが枯渇してしまったから働かないのに「自分が悪い」と思いこんで自ら命を絶ってしまう状況に至るのです。

地震に備えたメンタルケア

最後にごく簡単ではありますが、これまで述べたことを中心に、地震に見舞われた場合の精神面でのケアについてお話し申し上げて結びとします。

1. 地震と精神状況

震災が起きると、新たな災害時要援護者や疾患が発生することが考えられます。災害時要援護者と呼ばれる人々はもともと地域に存在しますが、災害によってこうした人々が新たに多く発生します。病気も、肉体面はもちろん、精神面の病気も起こりやすい。震災という非日常的な状況において、萎縮して役割分担を担えない人と、かえって元気になってますます無理をしてがんばる人に分かれる、といった事態が生じます。

震災後の状況のなかで役割分担をうまく担えるかどうかは、その後のアイデンティティーの問題にかかわります。そのせいで、さきほど述べた解離症状などが起こってくる場合があるので、震災のショックを克服するうえでは、人間関係が重要であることを忘れないでください。

2. 救援者の課題

　人間が生きていくうえで基本になることはいくつかあります。まず、経済的に安定していること、そしてお互いに安心しあえる関係があること、自分の行いに社会的意味を見出せること、そして、これからも生き直していける、失敗してもやり直せるという希望を持つことです。

　実は震災によるパニックのときにも、経済的安定は最も重要な要素になります。

　災害支援に携わる人は、先に述べた「敵を知り己を知ること」を心がけてください。常に自らを確認し、ストレスを悪と見なさず、自分の中のストレスを重視し、大切な味方として取り入れてください。そうすれば、被災地域の人々のストレスにも共感と理解を寄せることができ、心を通わせることができます。

　救援者は被災地域の情報をつかむ必要があります。そのためにも、被災者と向かい合ったときに気をつけるべきことは、聞き手に回ることです。さきほど述べたように、人間は自分のするべき行動は何かと考えがちなので、他人から「がんばって」などといわれると、もう弱音がはけなくなってしまいます。

　ですから、自分の先入観をまじえないで、ひたすら聞き手に徹することです。精神科の治療者でも最も良くないのが、患者の上に立って自分の意見を押しつけるタイプです。無理な励ましはしないことです。励ますことは大事ですが、単に「がんばれ」というのではなく「人間はそのときにできることしかできないのだから、今はまずあなたの命と健康を大事にして、自分で動けるようになったらあなたの力を貸してくださ

い」というのです。

　一緒に同じ立場でゆっくりと考える。そして、必要以上に何かしてあげようとはしないことです。そのようにしていれば、これまで述べたような精神的な危機はかなり避けられるのではないかと思います。

3. 日常的ボランティアの重要性

　人は災害のときにだけ急に強くなったり、弱者に優しくなれるものでは決してありません。緊急時でも落ち着いて家族や友人を救うためには、日ごろから自発的なボランティア活動をすることが大事です。災害直後とその後の活動のなかで、さまざまな負担を楽にしていくためには、ストレスその他の精神的疲れや状況を認知しておくことと、日ごろから地域のなかで自分の役割を持ち、災害時もそれを認識して動くことだと思います。

　実は、これまで社会は障害者や高齢者を排除する傾向にありました。たとえば障害のある子どもは、養護学校のような地域から離れた施設へ通います。各人の能力に合った教育を受けたほうが幸せだという理由からですが、これは個人単位の能力を重視した考え方です。

　最近、文部科学省は「インクルージョン」という言葉で、特別な場に分けるのではなく、皆が一緒に育つ方法を考えるようになりました。子どものうちから車イスの同級生と一緒に生活することが重要なのです。つまり遠くの養護学校ではなく、同じ地域の学校にいなくてはだめなのです。

　たとえば兵庫県南部地震のときには次のようなことがありました。

　家庭に高齢者や障害児を抱えている母親は、非常食の配給を受けるにも、子どもや老人だけを置いていけないため、なかなか列に並ぶことができません。

　しかし、障害児であっても普通学校に通っている場合は、母親が列に並んでいると、普段から顔見知りの子どもの同級生などが通りかかった

ときに、自分の母親を呼んできてかわりに並んでもらったり、事情を話して列の前の方へ入れてもらったりと、自然に手助けをしてくれます。ところが養護学校へ通っていると、通常からの交流がないから、そういった子ども同士の関係もないのです。

　私が最も感動したのは、人工呼吸器をつけた車イスの子どもが普通の幼稚園へ入っていったときに、3歳の子どもがその車イスを押す様子を目の当たりにしたときです。普段、おもちゃ箱を押すときには雑に扱う子どもが、車イスを押すときにはまったく違う押し方をする。物と人間はまったく違うということを大人が教える前から身につけている。

　防災対策もそれと同じで、大人が一方的に保護するのではなく、大人が子どもから人間の本質を学ぶなかで、生命を守ることを再認識する取組みなのです。

　たとえ災害が起こらなくても、日常生活・地域のなかでさまざまな人々と改めて一緒に生きてみることは重要です。

　特に、通常は自分とは「あまり関係がない」などと思いがちな弱い立場にある人たちとも親しくしていくことで、災害時にも「どうしたら自分の命だけではなく他人の命も無理することなく守り救えるか」を学んでいくことができます。こうした命をはぐくみ育てるということが、災害の精神医学のなかで最も大事なのではないかと思います。

第10章 ◎鼎談
心の傷をケアしあえる社会づくり
災害をあらゆる人を受け入れる契機に

元静岡大学保健管理センター所長
元静岡大学教授
林試の森クリニック院長
（児童精神科医）
石川憲彦

静岡大学名誉教授
土 隆一

[司会] 静岡県掛川市長
榛村純一

■ うつになったら休養が第一

榛村（司会）　石川先生にうかがいます。うつになった人には「激励してはいけない」「がんばれといってはいけない」とよくいいますが、どうしてそういってはいけないのでしょうか。

石川　私もうつになった方に「がんばれ」といった経験がないわけではありませんが、ただし、うつになる方の多くは根がまじめですから、すでにご自身で「がんばれ」といいつづけ、それで神経伝達物質を消耗しすぎてしまった。つまり、がんばる方法を間違えたわけです。

　人間にはそれぞれペースがありますから、ご自分のペースを守りながらいい結果を出せば問題ないのですが、途中の段階で打込みすぎたために、自分で自分を滅ぼす方向に行ってしまった。本当は実力があるのですから、そういうがんばり方を変えて、まずはゆっくりと休むことです。

　3か月で必ず回復しますから、それからまた努力してもらえばいいのです。ですから、回復するまでは絶対にがんばらない。これが大事だと思います。

榛村　うつになる方は、1年か2年経つと、また何かの折に再発したりするのですか。

石川　無理をすればそうなる可能性は大きいですね。

　うつになったら3か月間は徹底的に休養し、その後1年ぐらいは仕事に復帰しても無理をしないようにします。身体でも同じですが「もう治っているから」といって、すぐに以前とまったく同じことができると思うのは間違いです。スポーツ選手でも、たとえば大ケガした場合、3か月は完全休養してから3年間は基礎を積んで次を目指す、というのが常識です。

　身体はだいたい3年でできあがるものです。3年間きちんとしたリハビリをすれば、再発率は2割以下です。途中でまた無理をしだすと、再発率は一挙に8割に上がります。したがって3年間だけ我慢してもらえれば、後はうまくいきます。

　つまり、三十数年働くうちの1割はスローペースにせざるを得ないということですが、そこで無理をすると再発率8割ですから、無理せず根気よく治療にあたるのが、結局は近道になるような気がします。

■災害は社会を見つめ直すチャンス

榛村　ここ最近、日本では毎年約3万人の自殺者を出し、自殺を考えたり、死にたいと思ったことがある人は、さらにその100倍にあたる約300万人もいるそうですが、こうした状況にある日本はどこかおかしいのでしょうか。

石川　日本の自殺死亡率は、世界的に見た場合はまだまだ低いほうの部類ですが、この10年に限っていえば、不況も手伝ってか先々に希望が持てず増加傾向にあるようです。

　日本は今までが経済拡張路線だっただけに、それを前提とした希望しか持ちあわせていませんでした。親も子どもに対して、ある種の安定志

向である「将来はサラリーマン」といったイメージしか与えられなかったようですし、このことが違った意味での緊張感を招く結果となりました。

　つまり、少々脇道に入ろうが、失敗しようが、それでも「多様な可能性がある」という展望が、今の日本にはなくなりつつあるような気がしています。こういったことが未来への希望をなくさせている原因かもしれません。

榛村　小児科医でもある先生におうかがいしたいのですが、最近の子どもは骨が弱いとか、あるいは我慢がつづかなくなったということなど、子どもにまつわるさまざまな問題が起きていますが、これは何がいけないとお考えですか。たとえば、兄弟が少なくなったことも関係しているのでしょうか。

石川　最近、子どもに関して最もよく取り上げられるのは、いわゆる少年犯罪の増加ですが、実は統計データだけでいえば、現在の日本の子どもの犯罪数は明治以来最低水準で、しかも世界的に日本が最も低い数字となっています。たとえば、1960年代と比べれば、殺人は5分の1程度に減少していますから、大手マスコミなどによる「犯罪の低年齢化」といった表現はまったくのウソで、子どもに対して事実とかけ離れた評価を行っているといえるのです。

　むしろ心配しなければならないのは、大人が将来に希望を持てなくなればなるほど「今の若者や子どもは危険だ」とみなすようになることです。昔から「今の若い者は」と大人はよくいっていました。ただし、そういっていた当時の大人は、実はそれなりに心のゆとりを持って「今の若い者は」といっていたにすぎないと思います。ところが、そのゆとりが今は失われてしまった。

　もし、大人が「昔と比べて今の子どもは悪くなった」と感じるのなら、それは大人が抱いている焦りやあがき、社会に対する不信感が、今の子どもが悪くなったように感じさせているだけだと思います。実態からい

えば、子どもに関する問題で増えているのは不登校だけです。これ以外の問題は、自殺もいじめも凶悪犯罪もデータ上は良くなっているのです。

　子どもたちに関して、最近10年ではなく、戦後からの長期の数値と比較してみてください。圧倒的に違うことがわかります。新聞やニュースでは、この10年で増えた部分についてしか報道しませんが、政府の統計数値を見れば、今の子どもたちがおかしくなっているのではなく、大人を取り巻く生活環境や心に余裕がなくなっているのが理解できると思います。

　その意味で災害は、見方を変えるとある種のチャンスです。われわれは生活習慣病になってもなかなか生活態度を変えることはできませんが、大きなトラブルに見舞われるとそれまでの生活を反省し変えることができます。そうすれば、問題であったのは実は子どもではなく、子どもを心配していたはずの大人のほうだったとわかると思います。

社会的弱者との共生がもたらす豊かさ

市民　災害の際の避難場所は地域内の学校などに確保されていますが、その避難場所に行っても、いわゆる「社会的弱者」は安心してそこで生活をできるものなのでしょうか。障害を持っている、あるいは高齢であるといったいわゆる「社会的弱者」とその保護者の方々は、災害時も安心できる場所を確保してほしいと強く願っているのですが……。

石川　実際に障害を持った人たちと接点を持つようになればおわかりになると思いますが、お互いに慣れれば慣れるほど、本当は特別な保護手段が必要なわけではなく、相手と自分たちにはちょっとした差があることくらいしかないことが見えてくると思います。

　おもしろい話があります。ある時期まで日本では、団体行動に支障が生じるので、学校にエレベーターを設置しないと車イスの子どもは受け入れられないことになっていました。そういう実践を最も早く取り入れ

たイタリアへ、30年前に私は視察に行きました。

　エレベーターをつけたことで有名な学校へ行ってみると、そのエレベーターはなぜか閉鎖になっていました。車イスの子どもが「いつもエレベーターでの移動ではかわいそうだ」「いつも1人だけになってしまう」というのがその理由で、さらに、エレベーターをオープンにしていると、ほかの子どもが中で遊んで危険だからと閉鎖してしまったらしいのです。エレベーターがなくても「みんなでその子を抱いて階段を上り下りすればいい、そのほうが本人も楽しいし、ほかの子たちも楽しい」というのです。

　つまり、障害者を特別な存在とみなすと、かえってみんなが面倒な思いをすることになるのです。考えてみれば、たとえば手話を覚えれば生活の幅や表現も変わり、自分にとって結構いいことがあるかもしれません。そんなふうに考えて、子どものころから障害者や高齢者の方とすごすようにしていけば、義務感ではなくて自然な人間関係が広がっていきます。

　災害についても、不安なのはわかりますが、障害者の側も特別な何かがなければ社会に出られないと思わずに、勇気を出して一緒に誰もがいやすいところをつくっていってはどうでしょう。防災においても、たとえ障害があって身体が動かない人であっても、人に何かをしてもらう側ではなく、ボランティアをする側になることだってできると思うのです。

市民　そのとおりだと思います。ただ、知的障害や自閉症の方というのは、避難所でもやはり騒ぐだろうと思います。そのときに、地域から排除するようなことはできるだけ避けてほしいです。周囲にいろいろと迷惑がかかるだろうとは思いますが、温かく迎え入れてやってほしいと強く願っているのです。

石川　長崎での事件などがあると、自閉症などの知的障害者は犯罪に走るケースが多いかのような誤解を生みますが、これは逆です。障害者の

殺人率は健常者より圧倒的に低いのです。そのことを踏まえたうえでこんなことがあります。

　自閉症の人は確かに変わった行動をとるかもしれません。たとえば私の知るある自閉症の人は、中学生のときに、自分を一番かわいがってくれたおばあさんが亡くなりました。読経が流れ、みんなが涙を流している通夜の席で、興奮のあまり、彼はおばあさんの棺桶を壊してしまい、おばあさんの遺体にキスをして大声で騒いだため、薬を投与され寝かされてしまいました。

　周りの人々は「あんなにあの子を大事にかわいがってくれたおばあちゃんが死んだことすらわからない。自閉症は心が伝わらないというけれど、やっぱり心の病気なんだ」といったものです。彼はそのまま１週間、寝かされて家にこもっていましたが、やがてケロッとして学校に戻りました。

　１年後、家族はその子を抜きにしてお寺で早めに１周忌をすませました。ところが命日になると、彼は昨年着たパジャマを引っぱり出し、それを着たまま１週間家にこもりました。さらに１年後にも同じ行動をとり、私が知る限りでは17年間、毎年誰も命日だと教えないのに、その日になると自分でパジャマを引っぱり出すのです。

　自閉症の子どもというのは、病的なこだわりを抱えていて、心が通じないといわれます。しかし、三回忌も過ぎれば、亡きおばあちゃんを思い出す人はほんのわずかです。お通夜の席で「おしい人を亡くした」といって泣きながら、「自閉症の子には心が伝わらない」といっていた方ももう忘れているでしょう。

　どちらが正しいのか間違っているのか、あるいは病的かどうかというよりも、人間の中にはそんな心もあるということを私は言いたいのです。心が病んでいるのではなくて、心の持ちようは多様にあると考えれば、別な面が見えてくることは、たくさんあります。

自閉症を病気だと考えず、大事な別の価値を抱えた心の持ち主で、しかも自分の仲間だったのだと気づくまでには、私もずいぶんかかりました。
　しかしこれも、一緒に暮らすことではじめてわかってくることです。一見奇異に見える部分に驚くのではなく、本当は私たちが大事にしたいと思いながら日常の中でつい見失っているものを、むしろ豊かに持っていると考えて、効率重視とは別の視点で、一緒に生きてほしいと思います。排除しなければ、私たち自身が確実に、もっと豊かになれるのではないかという気がしています。

災害から心を守るには

土　阪神・淡路大震災からちょうど9年を迎えましたが、いまだに精神的な障害で亡くなったり、苦しんだりしている方が非常に多いと聞いています。どうしてそうなってしまうものなのか、あるいはそうならないようにするにはどうしたらいいのかについて、教えていただけないでしょうか。

石川　さきほど述べたＰＴＳＤやうつは、現在はほとんどないと思います。あるとすれば震災後に起きたものです。ＰＴＳＤの一番大きな問題は、心に傷ができたことよりも、そこから一緒に回復していけるような仲間や人と人のつながりをうまく持てなかったことにあります。
　これまでのお話のように、人にはそれぞれ自分の発揮の仕方があって、その天分をうまく生かしていけば、お互いが豊かになれるのです。しかし、災害時はついつい自分のことだけに追われて、面倒に感じられることをみなが排除してしまう面があります。こういったことは阪神・淡路大震災だけではなく、広島の原爆の後にもありました。実は、原爆被害者の多くが、同じ被害を受けた仲間から精神的に追い詰められて死んでいったという経緯があります。
　災害を、あらゆる人を一緒に受け入れるチャンスに変えることができ

れば、災害からの復興はもっと豊かなものをつくるし、こういうPTSDによる死亡もほとんどなくなると私は思っています。

土　つまり、東海地震に関しても、地震が起こる前から、そのことは多くの人が考えておかなくてはいけないということですね。

石川　そうです。備えあれば、間違いなく良い方向が開けます。

榛村　さきほどのお話で、役割を持っている、あるいは役割という意識を持っている人は、ストレスにも強いし、災害にも強いといわれましたが、役割意識を一般市民に持ってもらうには、どうしたらいいでしょうか。

石川　市の災害講習を受けた方は、受けられなかった人にそれを伝えていくような場を定期的に持つことも大事だと思います。

　掛川市のように、災害訓練プログラムが進んでいるところもあれば、まったくないところあるので、そういう自治体と交換プログラムを持つための役割を担ってもらうのもいいのではないでしょうか。それからこれまで述べてきたように、障害者の問題を含めて、まだまだ災害時要援護者への対策が抜け落ちています。災害時要援護者自身は講習の場へ来にくいので、こちらから行って、学んだことを伝えるといいのではないでしょうか。

　実は静岡大学は、ずっと県内のボランティアコーディネーターや救援バイク隊の方々のお世話になっています。私が述べたことも、ほとんどこの方々から習ったことです。もしも掛川市が学生ボランティア枠を立ち上げてくだされば、行政と連携して行動する人や、地域の災害時要援護者のところへ行く人も生まれるでしょう。広く県内を見据えたプランを立てて外へ向けて活動すれば、それはやがて掛川市自体のためにもなると思います。

　さらにいうと、静岡県が孤立した場合、遠隔地が大事になります。したがって、そういう遠隔地へも掛川市で学んだことを広げようと考えてもいいのではないでしょうか。そのように考えると、市民の皆さんが担える役割は、たくさんあるのではないかと思います。

第11章
掛川市とその周辺に予想される東海地震災害

地層の性質と地震被害の関係

静岡大学名誉教授
土 隆一

　東海地震については、静岡県全体の被害予想はすでに述べました（土隆一・榛村純一編著『東海地震 いつ来る なぜ来る どう備える』清文社、2002年）ので、ここでは、静岡県中部にあたる掛川市を中心とした地域で東海地震が起こった場合に、どのような災害が予想されるのか、また、そういう事態にどのように対処したらよいのかについて述べたいと思います。

■ 過去に起こった巨大地震

　まず、東海地震とはどこで起こるものなのか？　図表1は、これまで西南日本太平洋側で起こった過去の巨大地震の震央を示しています。円の大きさがマグニチュード（M）の大きさ、数字が発生年です。

　この中で最古のものが約500年前の1498（明応7）年の明応地震で、遠州灘沖が震央となっています。次が1707（宝永4）年の宝永地震、その次が1854（安政元）年の安政東海地震で、これら3つの巨大地震は静岡県に、あるいは東海地震に深い関係のものといえます。もう1つ、1605（慶長9）年に規模はやや小さくて陸上の被害はよく知られていないの

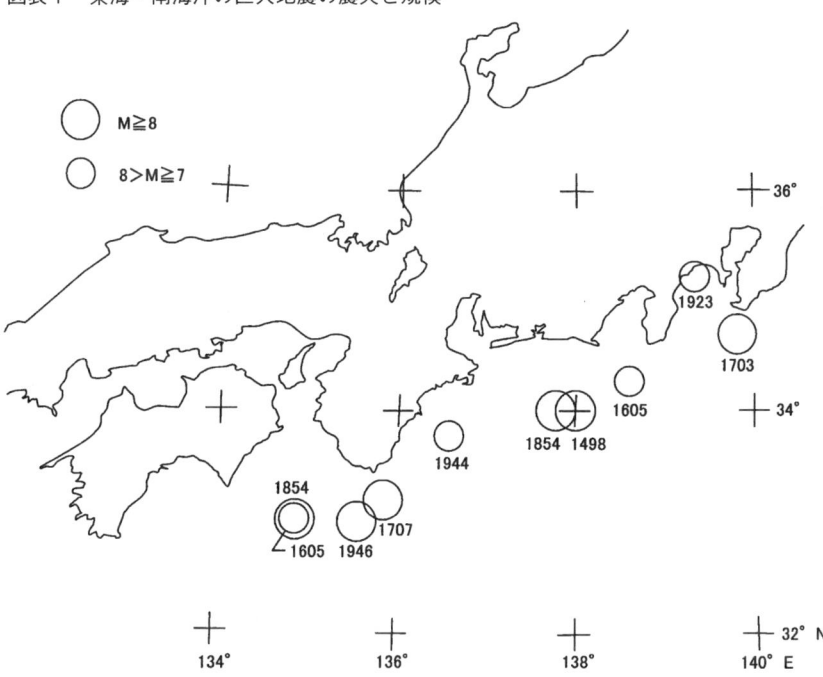

図表1　東海・南海沖の巨大地震の震央と規模

出典　宇佐美龍夫『新編・日本被害地震総覧（増補改訂版）』（東大出版会）より作成

ですが、津波被害が南海・東海沿岸で大きい、"津波地震"ではないかといわれているものが南海道沖と駿河湾沖にあります。

　ところで「昔は地震計もないのにどうして震源がわかるのか」という疑問もあるかと思われますが、それは古文書に残された記録をもとに、主に津波がどのように押し寄せ被害を与えてきたかを調べ、推定されたものです。したがって、正確には断言できない点もありますが、まず間違いないと思っています。なぜなら、駿河湾沖から遠州灘・熊野灘沖で巨大地震が起これば、静岡県に津波とともに大きな被害をもたらすのは間違いないと考えられるからです。

　円の大きさで示しているM（マグニチュード）とは地震のエネルギー

の大きさで、M8というと、富士山を1mほど持ち上げられるくらいの力です。富士山を1mも持ち上げたら大変なことで、M8とはそれほど大きなエネルギーなのです。

　よく「M8よりもっと大きい地震はないのか」と質問を受けますが、これは岩石の硬さからいっても日本付近ではそれくらいが最大と考えてよいと思います。地面の下ではいつもある方向に押す力がかかっています。岩石は硬いのですが、いつも同じ方向に押されていると、やがてどこかで破壊がはじまり、ずれてしまいます。最初にズレが始まったところが震源、そのズレがもとになって周囲も派生的にずれていきます。震源の真上の地表が震央、広がったズレの範囲を震源域と呼びます。

　図表1の場合、どれもM8クラスを表しています。ただ、M8とM7ではエネルギーの大きさで30倍以上もの差があると理解していただきたいと思います。西南日本太平洋側以外でも巨大地震は起こっていますが、この地域では日本の中でもかなり大きな地震が、頻繁ではないが、ときどき起こることが注目されているのです。

■巨大地震の発生周期

　では、これまで巨大地震がどのように起こってきたかを、古いほうから順に眺めてみることにします（図表2）。

　1498（明応7）年の明応地震は、遠州灘沖が震源のようですが、四国から房総にかけて大きな揺れがありました。明応地震が有名なのは、浜名湖とも関連しています。浜名湖は、現在は海とつながっていますが、その当時は海とつながっていない湖だったのです。この地震が起こったときに、浜名湖の奥の三ケ日や気賀の近くまで津波が押し寄せたという記録が残っています。つまり、地震によって「今切（浜名湖畔にある地名）」ができたというわけです。その200年後の1707（宝永4）年に宝永地震が起こりました。この地震の49日後に富士山が噴火して宝永山ができたの

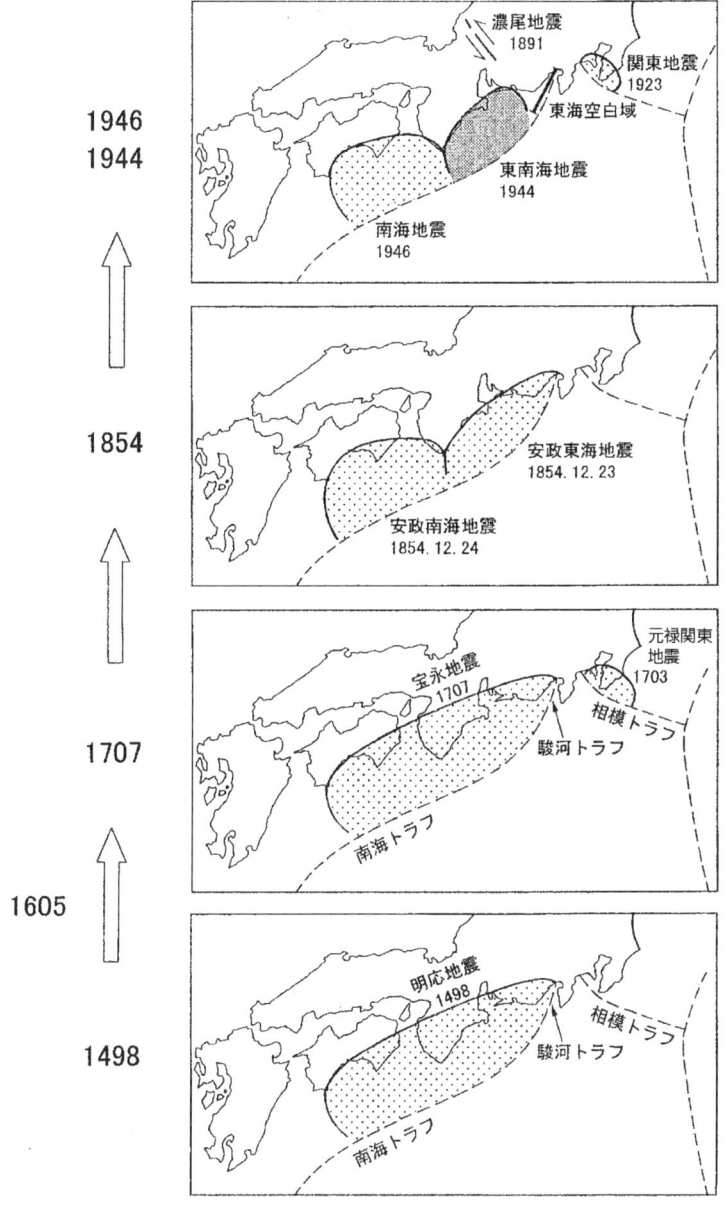

第11章 掛川市とその周辺に予想される東海地震災害

図表2　太平洋側で起こった巨大地震の震源域

1946
1944
↑

- 濃尾地震 1891
- 関東地震 1923
- 東海空白域
- 東南海地震 1944
- 南海地震 1946

1854
↑

- 安政東海地震 1854.12.23
- 安政南海地震 1854.12.24

1707
↑
1605

- 宝永地震 1707
- 元禄関東地震 1703
- 相模トラフ
- 駿河トラフ
- 南海トラフ

1498

- 明応地震 1498
- 相模トラフ
- 駿河トラフ
- 南海トラフ

出典　溝上恵「東海地震の切迫性とそのメカニズム」（土隆一・榛村純一編著『東海地震 いつ来る なぜ来る どう備える』清文社、2002年）に加筆

です。このため、宝永地震も非常に有名です。

　この２つの地震の間に、もう１つ大きな地震が起こっています。南海地域にも起こり、静岡県側でも津波はあったものの陸上の被害は十分知られていない慶長地震が1605（慶長10）年にありました。したがって、南海・東海地域では、1498年・1605年・1707年と100年ごとに巨大地震が起こっていることになります。

　次に1854（安政元）年の安政東海地震と安政南海地震ですが、このときには、実は２度も地震が起こったことがわかっています。同年12月23日に東海道沖で地震が発生し、翌12月24日に南海道沖で地震が起こったのです。この地震は静岡の大火でも有名です。当時の記録で、京都から来た旅人が安倍川のほとりまでやってきたところ、はるか向こうに帆掛け船が見えた、との記述が残っているようです。つまり、静岡・清水全域が震災による火事で焼けてしまったので、安倍川から清水港が望めたのです。地震によって起こった大火について、はじめて古文書の記録に残ったのがこの安政東海地震です。

　その次に起こったのが、1944（昭和19）年の東南海地震、続いて２年後の1946（昭和21）年に南海地震が起こっています。このように、東海沖と紀伊半島沖はしばしば連動して大地震が起こることも特徴のひとつです。

　1854（安政元）年から現在までどれほど経ったかというと、150年で、そのため「もう次の東海地震が起こってもおかしくない」といわれるようになりました。「明日起こってもおかしくない」といわれたのは今から20年ほど前ですが、現在はまさに近づきつつあると考えてよいと思います。なぜなら南海道沖の大地震は、これまで100年ないし150年ごとに起こっています。一方、駿河湾や御前崎の沖では、1605（慶長10）年を入れれば100〜150年、あるいは150〜200年の周期で巨大地震が起こってきたと考えられます。

第11章 掛川市とその周辺に予想される東海地震災害

　現在（昨年のセミナー時点）は最近の地震から150年目ですから、もうそろそろ起こってもおかしくはない。しかし1944（昭和19）年の東南海地震との連動性を考えると、それから100年ほどたった2040年ごろになるかもしれませんが、可能性としてはすでに起こる範囲に入っています。また関東地方では、1923（大正12）年に関東地震が起こっていますが、その前の大地震が1703（元禄16）年で、これも200年周期と考えることができます。

　では、なぜ駿河湾や相模湾の大地震は150年ないし200年おきにやってくると考えることもできるのでしょうか？　最近になって、駿河湾の近くでは海洋プレートの沈込みが南海道沖よりも少し遅いようだとわかってきました。南海道沖では年に4cmほどのスピードでプレートが沈み込んでいますが、駿河トラフでは年に2cmほどのスピードと推定されています。そのため、駿河湾沖のほうが地震の起こる周期がいく分か長いとも考えることができます。しかし150年経過したので、こちらでもそろそろ起こってもおかしくないというのが、現在の状況です。

　なぜ海洋プレートの沈込みが遅いのかというと、駿河湾南方から四国西端の沖合までの水深4,000m以深には、南海トラフという海溝のような細長い溝状の凹所があります。また、相模湾西部から伊豆－小笠原海溝との接合部にかけては、長さ250kmに及ぶ相模トラフがあります。この駿河トラフ・相模トラフでもフィリピン海プレートがユーラシアプレートの下に沈み込んでいるのですが、そこが八の字に曲がっているのです。

　伊豆半島というのは、新第三紀中葉の2,000万年ほど前は、フィリピン東方の海底火山群だったのですが、1年に6cmほどのスピードで日本列島に近づいてきて、100〜200万年ほど前に現在の静岡県の東部に衝突したのです。そして沈むことなく本州中部を押しつづけ、南海トラフを八の字に押しまげてしまったのです。そのような事件がこのことに関係しているようです。つまり、伊豆半島のおかげで東海地震は100年ご

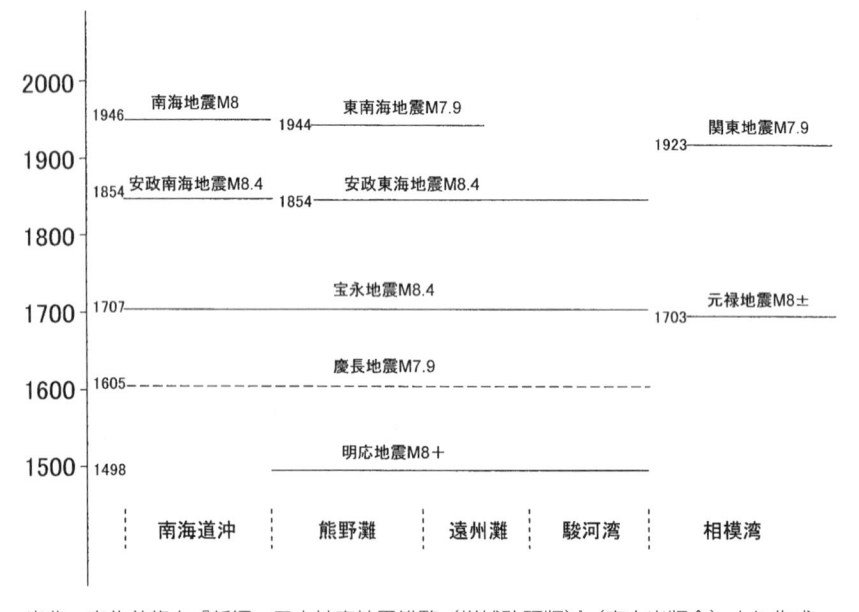

図表3　過去の東海・南海沖の大地震一覧

年	南海道沖	熊野灘	遠州灘	駿河湾	相模湾
2000					
1946	南海地震M8				
1944		東南海地震M7.9			
1923					関東地震M7.9
1900					
1854	安政南海地震M8.4				
1854		安政東海地震M8.4			
1800					
1707		宝永地震M8.4			
1703					元禄地震M8±
1700					
1605		慶長地震M7.9			
1600					
1498		明応地震M8＋			
1500					

出典　宇佐美龍夫『新編・日本被害地震総覧（増補改訂版）』（東大出版会）より作成

とではなくて、150年から200年の間隔になっているのではないかと、私は考えています。ただ、間隔がのびるとそれだけ大きな地震になることが難点です。

　さて、今のことを図示したものが**図表3**です。明応地震があって、100年経ってから慶長地震が起こり、さらに100年経ってから宝永地震があり、宝永地震のときに元禄地震というのが相模湾でも起こったのです。それから150年経って安政の東海地震と南海地震があって、さらにそれから100年経って東南海地震と南海地震、その間に関東地震が起こったと、こうした全体の枠組みになっているのです。

　いずれにしても、次の東海地震が切迫していることが間違いないことは確かです。

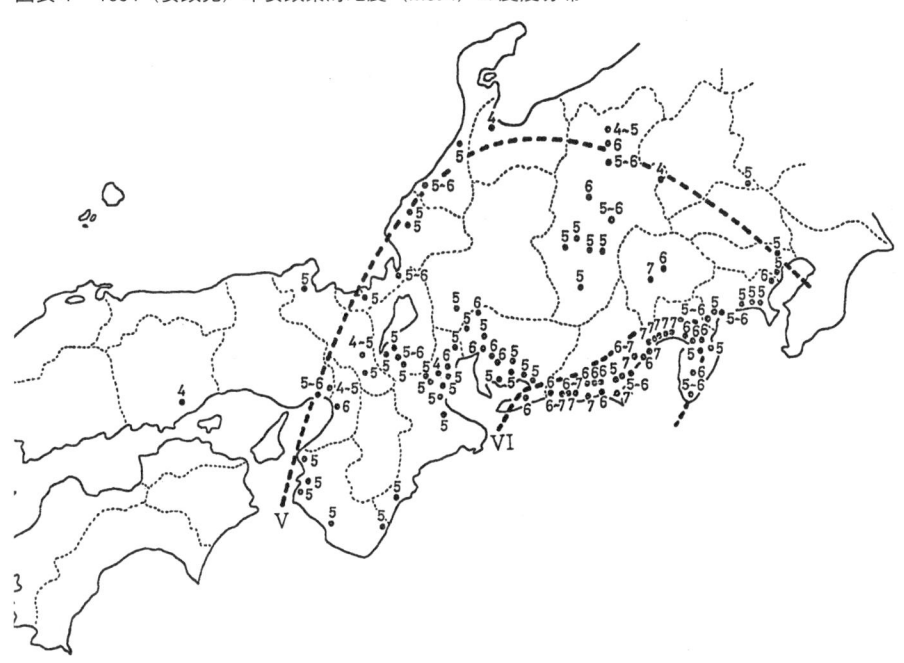

第11章　掛川市とその周辺に予想される東海地震災害

図表4　1854（安政元）年安政東海地震（M8.4）の震度分布

出典　萩原尊禮「1854年 東海地震の震度分布について」（『地震予知連絡会会報』No.3、1970年）

■ 東海地震の想定震度

　では東海地震が起こると、どれほどの被害を及ぼすのでしょうか。このことについては、安政東海地震について、萩原尊禮東京大学名誉教授により古文書から被害が描かれています（図表4）。震度5～7の揺れの強さが示されていますが、静岡県は震度6と7が大部分です。しかも安政東海地震では、静岡県だけではなく、神奈川県や山梨県、愛知県、長野県、さらに石川県や福井県、滋賀県、大阪方面でも、激しい揺れがあったことがわかります。

　震度6の揺れでは、物につかまらないと立っていることができません（図表5）。寝ていてもベッドから振り落とされるのが震度6の地震です。

図表5　気象庁震度階級の解説表（抜粋）

	人　間	屋内の状況	木造建物
震度5強	非常な恐怖を感じる。多くの人が行動に支障を感じる	棚にある食器類、書棚の本が多く落ちる。テレビが台から落ちることがある。タンスなどの重い家具が倒れることがある。変形によりドアが開かなくなることがある。一部の戸が外れる	耐震性の低い住宅では、壁・柱がかなり破損したり、傾くものがある
震度6弱	立っていることが困難になる	固定していない重い家具の多くが移動転倒する。開かなくなるドアが多い	耐震性の低い住宅では倒壊するものがある。耐震性の高い住宅でも、壁や柱が破損するものがある
震度6強	立っていることができず、はわないと動くことができない	固定していない重い家具のほとんどが移動、転倒する。戸が外れて飛ぶことがある	耐震性の低い住宅は倒壊するものが多い。耐震性の高い住宅でも壁、柱がかなり破損するものがある
震度7	揺れに翻弄され、自分の意志で行動できない	ほとんどの家具が大きく移動し、飛ぶものもある	耐震性の高い住宅でも傾いたり、大きく破損するものがある

　震度7になると、自分ではどうしようもない大変な揺れです。阪神・淡路大震災のときに神戸の中心部が瞬間的に震度7の揺れだったといいます。「ベッドに寝ていて突き上げられ、天井にぶつかると思った瞬間、床にたたき落とされた」と体験者は語っています。
　安政東海地震の際には、静岡県の大部分の地域はそうした震度6〜7の揺れに見舞われたのです。当時の掛川地域も震度6の揺れ方をしたよ

うです。図表4を見ると、安政東海地震は、静岡県だけでなく中部日本全体を揺るがす非常に大きな地震だったことがわかります。つまり、今度来る東海地震も、静岡県だけではなく、その周辺地域も非常に大きく揺らすため、広範に大きな災害が起こるだろうと推測されています。

したがって中部日本でも、特に太平洋側の愛知県や神奈川県・山梨県は十分注意しなければなりません。このことは以前からいわれていましたが、実際はどうなるかわからないと思っていたところが、最近になってはっきりとわかってきたのです。

東海地震の震源断層モデルは、計算の都合上、当初四角形に仮定されていました。ところが、各地の地震計で観測が進み、プレートが沈み込んでいるそれぞれの場所で、小さな地震が起こりつづけているとわかってきました。その起こり方を調べていくと、簡単な四角形ではなく、**図表6**のとおり、上から見るとこうしたゆがんだ楕円形の形状をしていることがわかってきたのです。

では、どの範囲まで震度がどれほどになるのかを新たに計算しなおすと、従来想定震源域が四角だったときには、震度が大きい地域のほとんどは静岡県だったのですが、見直し震源域では、震度の大きい地域は名古屋を含む愛知県東部、長野県南部、神奈川県西部、山梨県、さらに三重県南部（主に津波）にまで及びます。つまり、被害想定地域がより西へ広がることになりました。そうなると東海地震の防災対策を強化する地域は、静岡県だけでなく近県の地域も含まれると考えなければなりません。先述の、安政東海地震が中部日本を揺るがした大地震だったという萩原先生による推測が、地震計のデータの集積によっても、かなり確実に推定される段階になったのが現在の状況です。

掛川地域はどうなるのかを知るために、静岡県だけを特に詳しく見てみましょう。**図表7**は宇佐美龍夫東京大学名誉教授が古文書を調べて作成した安政東海地震の震度分布です。特に静岡県内の震度分布が詳しく

図表6　東海地震の新しい想定震源域と震度が大きいと予想される地域（これまでのものと比較して示す）

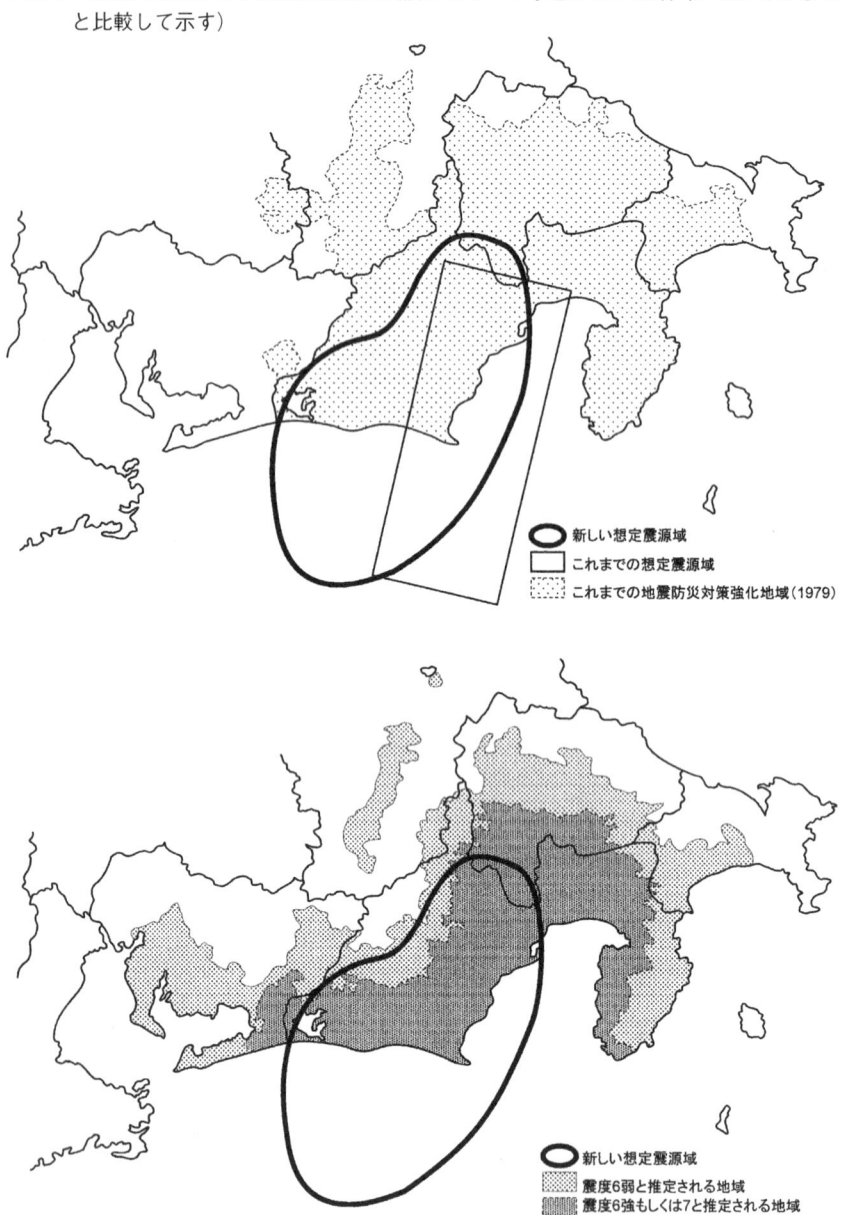

　　新しい想定震源域
　　これまでの想定震源域
　　これまでの地震防災対策強化地域(1979)

　　新しい想定震源域
　　震度6弱と推定される地域
　　震度6強もしくは7と推定される地域

出典　中央防災会議資料より

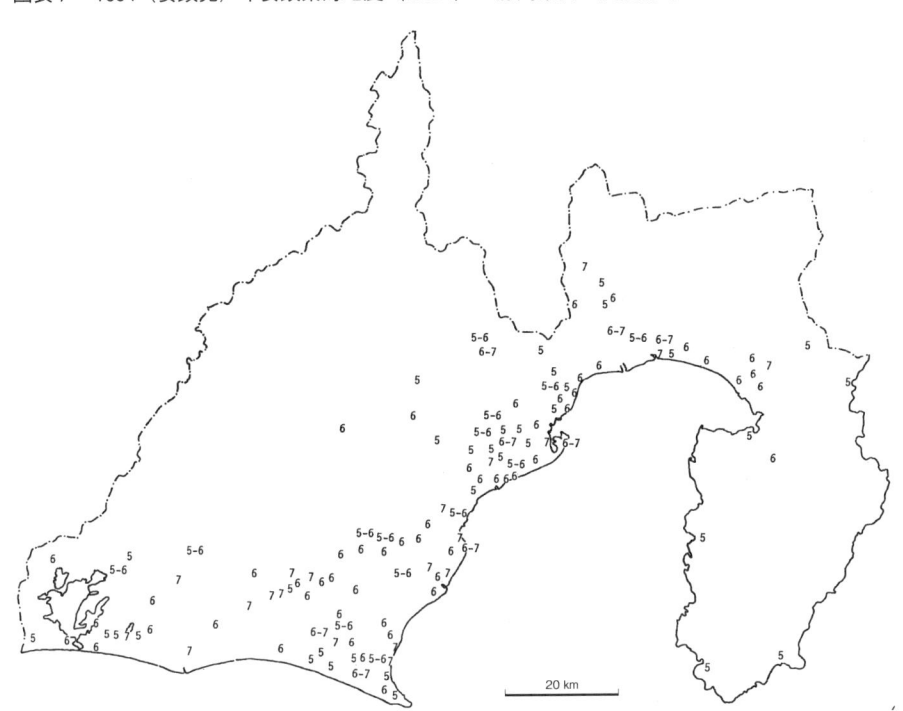

図表7　1854（安政元）年安政東海地震（M8.4）の静岡県内の震度分布

出典　宇佐美龍夫「静岡県の地震史」『静岡県地震対策基礎調査報告書第2次調査・静岡県地震史』（静岡県地震対策課、1978年）より作成

描かれています。

　掛川地域は震度5〜7ですが、大部分は6か7です。袋井は震度7がほとんどです。これは安政東海地震ですが、次の東海地震も類似していると考えるべきではないかと思います。そして、そういった揺れが周辺の県まで及ぶのが、やがて来る東海地震なのです。

■伊豆・御前崎近海のプレートのメカニズム

　ところで、地震はどうして起こるのでしょうか。前述のように、地下

図表8　日本付近の海溝・トラフとプレート

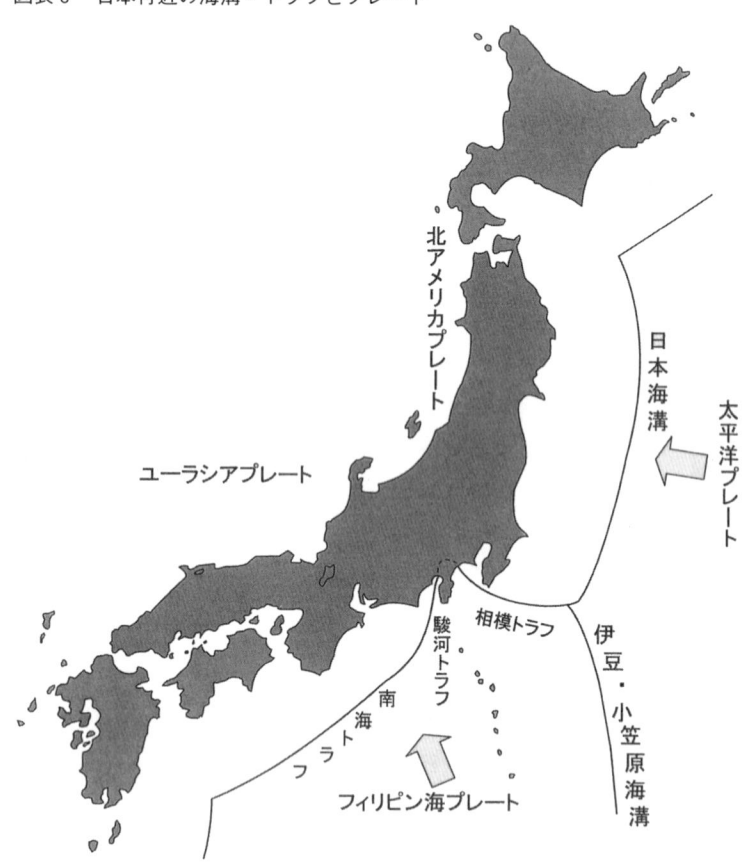

の岩石は常にほぼ一定方向に押されています。押されつづけて限界に達すると、ズレが生じますが、その場所が最初の震源となります。一度地震が起こると、岩石が割れていますから、そこではその後も周期的に同じようなことが起こります。したがって、一度地震が起こったところでは繰り返し同じタイプの地震が起こるのが原則といえます。

図表8は日本周辺のプレートと海溝やトラフの様子です。フィリピン海プレートは、本州に対して北西ないし北北西方向に、年4cm程度のス

ピードで動いています。そしてそれが、深さ4,000〜6,000mの南海トラフのところで本州の下へ沈み込みます。なぜかというと、海洋プレートのほうが陸のプレートよりも重いからです。海洋プレートは玄武岩質岩石から、陸のプレートは花崗岩質岩石からできています。玄武岩のほうが重いせいもあって、海洋プレートは本州の下に沈んでいきます。

図表9　東海地震発生のメカニズム

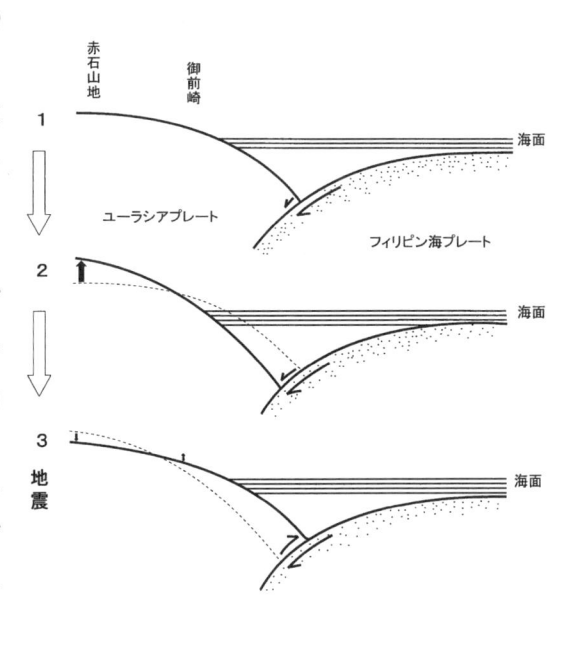

　伊豆半島を形成する地殻もフィリピン海プレートにのっているのですから、一緒に本州の下に沈込みそうなものですが、伊豆半島の地殻はおそらく非常に固くて軽いため、なかなか本州の下に沈み込めずに、前述したように衝突したままになっています。そのため、駿河トラフ・相模トラフを八の字に折り曲げてしまったと考えられます。駿河トラフと相模トラフはちょうど富士山の下あたりでつながっているように見えます。

　フィリピン海プレートの沈込みによって、その部分では陸のプレートの先端も下に引きずり込まれています（図表9）。御前崎は現在、年間5mmほど沈み、赤石山地は年間2mmほど上がっているようです。こうして陸のプレートの引きずり込みが起こっているのですが、そのひずみが限界に達したときに、突然、陸のプレートは跳ね上がります。これが東海地震です。これがいつ跳ね上がるかが容易にはわからないのです

が、最初に述べたように、150年から200年の周期で起こっているのではないかと考えられるのです。

　跳上りが起こると、御前崎の先端が高くなります。安政東海地震のときには1.5mほど高くなったといわれています。現在は標高50mですが、おそらく51.5mほどまでになると推定されます。一方、地震が起こると赤石山地の頂上は数cmほど下がるだろうと思われます。

　そのような地震がいったん起こっても、また150年か200年後には新たな東海地震が起こる……。これを繰り返してきたのがこの地域の地震ですし、地形の高まりもそうなのです。

■ 静岡県の海岸平野の地質

　富士川や安倍川、大井川や天竜川は日本でも代表的な急流河川です。山地に大量の雨が降ると、川は山を削りながら砂礫を河口まで運びます。ですから、天竜川や大井川、安倍川や富士川でも河口の海岸まで礫が見られます。

　通常は、川は山から出たところで扇状地をつくり、しばらく平野を流れて静かに海に流れこみ、そこに三角州をつくります。したがって、普通は河口近くの地質は泥か砂になるはずです。

　ところが、富士川や安倍川、大井川や天竜川は、山地を出るとすぐ海なので、河口の海岸平野の地質が扇状地性の砂礫なのです。これらの川は"東海道式河川"として有名です。東海道にしかないわけではなく、富山県や福井県などの日本海側にも、黒部川や九頭竜川といった同タイプの河川があります。ただ、富士川や安倍川、大井川や天竜川の4つが代表的とされ"東海道式河川"といわれています。

　東海道式河川があると、いったい何が起こるのでしょうか。**図表10**をご覧ください。この図表は、今から6,000年前の静岡県の海岸付近を表したものですが、縄文時代前期のころには海面が現在より4〜6mほ

第**11**章　掛川市とその周辺に予想される東海地震災害

図表10　縄文時代前期（約6,000年前）の静岡県の海岸平野

ど高かったのです。そうしますと、低いところには海がどんどん入り込みます。そして、東海道式河川の富士川や安倍川、大井川や天竜川では、海岸まで砂利を流すのは変わらなかったのですが、そのような大河川のないところでは海面上昇によってたくさんの入江がつくられたのです。その代表的なものが浜名湖です。

　浜名湖は現在もそのまま残っていますが、掛川市の隣の袋井市のあたりには浅羽、袋井の入江がありましたし、菊川の入江、焼津の入江があって、静岡でも大谷の入江、巴川の流域には清水から浅畑沼までつづく深い入江があったのです。富士川の東には浮島沼の入江がずっとありました。それから、北伊豆の平野にも田方入江がありました。そして6,000年前の縄文時代前期から少しずつ入江が埋め立てられ、海面も下がって現在に至ったのです。

　図表11は現在の静岡県の平野の地質図です。富士川や安倍川、大井川や天竜川の下流は扇状地性砂礫層です。さきほど述べた昔からの入江の

219

図表11　静岡県海岸平野の表層地質図

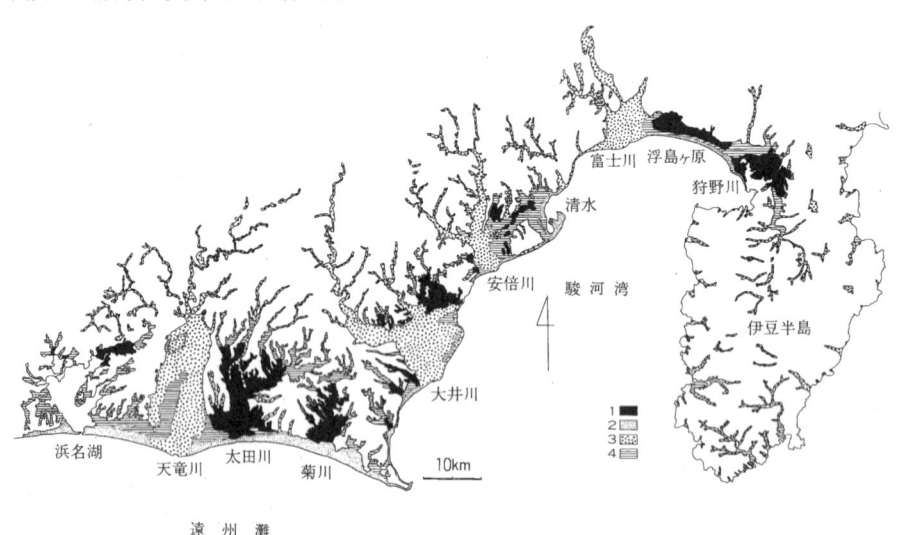

注　「1」泥層　「2」礫層　「3」礫層　「4」泥砂礫互層とし、表層5mに優占する地層で示す

周辺は、小さな川が少しずつ泥や砂を堆積して、低い平野を形成しました。静岡平野は最も高いところで海抜28mもあります。清水の海岸や三保の海岸など、低いところは海抜5mです。普通、平野というのはだいたい海抜5～10mですが、この地域の扇状地性平野はどこも海抜が高く、大井川では70mもあります。これが東海道式河川による扇状地平野の特徴です。つまり、静岡県の東海道式河川の河口にある平野はすべてこのようになっているのです。

　地質から見ると、海岸は砂地盤です。河口近くは砂利浜になっている部分もありますが、西風が強く、外海では波が荒いため、ほかはすべて砂浜になります。砂利地盤と砂地盤と泥地盤が明瞭に区別できるのが、静岡県の平野の特徴です。富山県、石川県などは静岡県に似ていますが、関東平野にしても、名古屋・大阪の平野でも、図表11のような地質図に

はなりません。平野というのは、泥と砂と礫が適当に入りまじっており、はっきり区別ができないのが普通です。

なお、平野については表層5mまでに最も多くを占める地層で描いてあります。ともかく静岡県の平野は非常に独特です。

地質と地震被害の関係

図表11はもともと地震とは関係なく作成されたものです。ところが、これが地震の被害に非常に関係があるとわかってきました。

図表12は縄文時代前期の静岡・清水平野の様子を表したものです。6,000年前、日本平は290mほどの高さがありました。先が3つに分かれている三保の砂嘴は、ほっそりした砂嘴でした。古麻機湾という入江が静岡の最北まで入り込んでおり、大谷にも入江があって、古大谷湾がありました。これが縄文時代のころの静岡・清水です。現在の静岡の中心部には安倍川が流れていたため、海岸まで大量の砂利を運んで埋め立てています。長沼周辺は山蔭のため湾ではないものの沼地でした。こうして現在に至ったのが静岡・清水平野で、その地質図が**図表13**(223頁)です。

1935（昭和10）年に草薙付近直下を震源とする静岡地震（M6.3）が起こりました。**図表14**（224頁）は静岡地震の集落被害図です。

この静岡地震のとき、礫質地盤の静岡平野中心部ではほとんど被害はありませんでしたが、大谷の近くは大変な被害を受けました。集落の木造家屋の50％以上が全壊したという記録が残っています。日本平山麓周辺もかなり大きな被害を受けました。この被害は地盤というよりは地震にともない日本平の"活しゅう曲"が動いたのではないかと思われます。巴川流域はずっと泥地盤がつづいていますが、この地域ではおよそ50％近くの家屋が全壊したという記録が残っています。これらのことから、木造家屋の被害程度と軟弱な泥の地層の10m以上という厚さとが非常によく関係することがわかったのです。

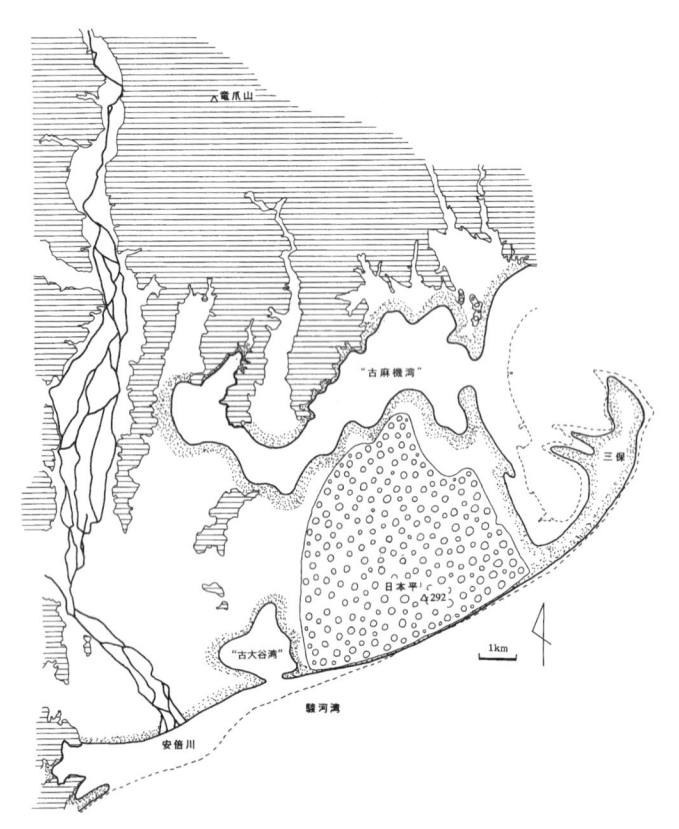

図表12 静岡・清水平野の状況（縄文時代前期約6,000年前）

　1930（昭和5）年の北伊豆地震（M7.0）による田方平野の地盤と被害の状況、1944（昭和19）年東南海地震（M8.0）による袋井周辺の地盤と被害の状況は、さきほど述べた静岡地震の場合とまったく同様に説明できることは前回にも述べました（土 隆一・榛村純一編著『東海地震 いつ来る なぜ来る どう備える』清文社、2002年）。

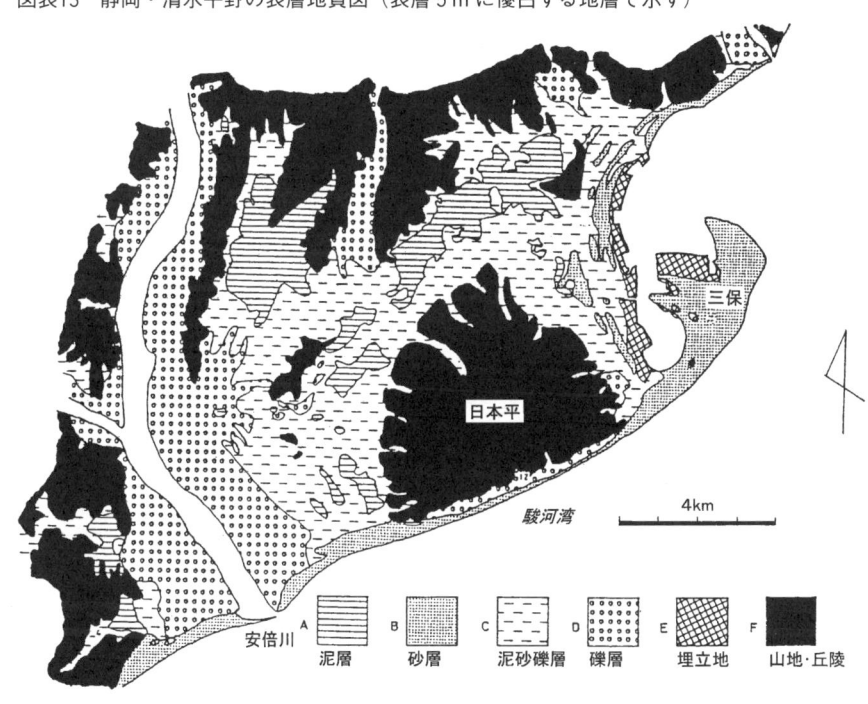

第11章　掛川市とその周辺に予想される東海地震災害

図表13　静岡・清水平野の表層地質図（表層5mに優占する地層で示す）

A 泥層　B 砂層　C 泥砂礫層　D 礫層　E 埋立地　F 山地・丘陵

■ 掛川地域の地質

　それでは掛川市を中心とする地域はどうなっているのでしょうか。

　図表15は掛川地域の地質図です。この地域南部で山地や丘陵をつくっている掛川層群というのは新第三紀の日本を代表する砂岩泥岩互層からなる地層で、貝の化石が多く含まれます。貝の化石が多いということは、海底にできた地層で石灰分がたくさん含まれているということです。この地層は雨が降ると固まりやすいのですが、地震のときはかなり粘性が高く、伸縮性に富むようです。したがって、掛川層群は地震によって崩れたことはあまりないようです。軟らかいがしっかりした地層で、揺れることは揺れますが「壊れない」というのが掛川層群の特徴なのです。

223

図表14　1935（昭和10）年の静岡地震（M6.4）による家屋被害

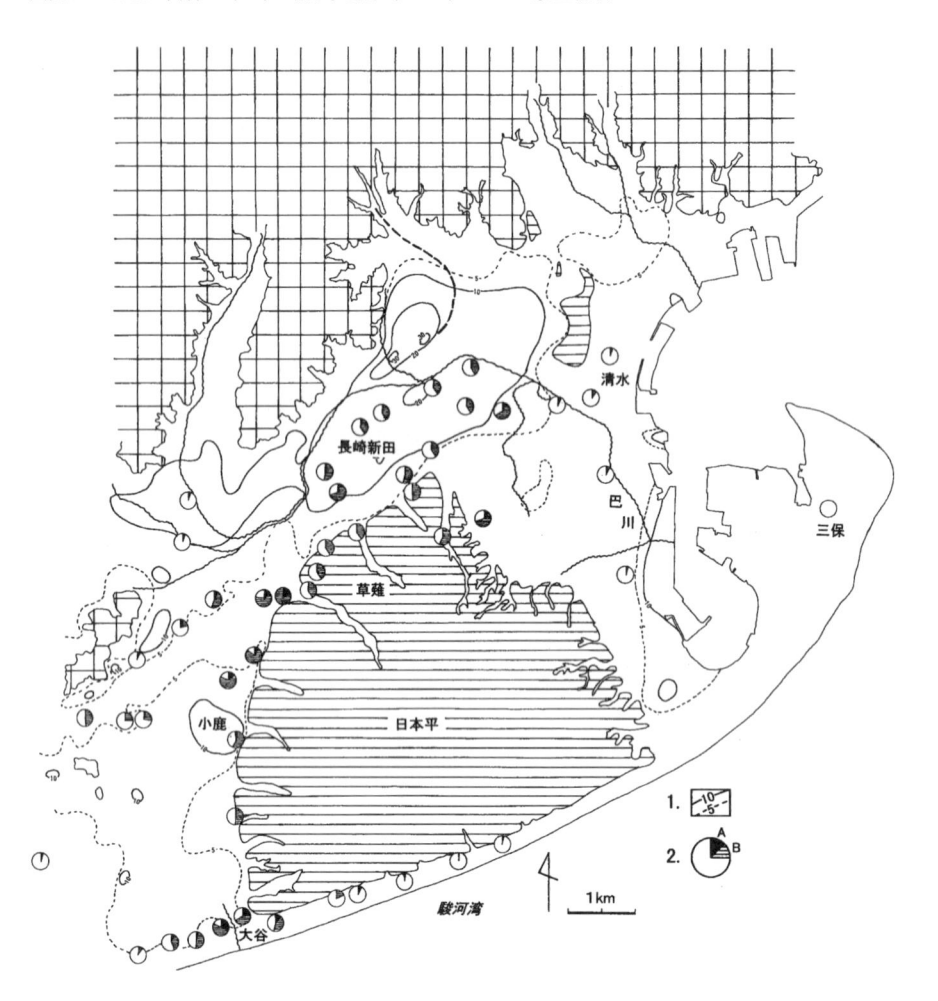

注　「1」N値10以下の軟弱泥層の厚さを、「2」のAは集落全壊率、Bは半壊率を示す

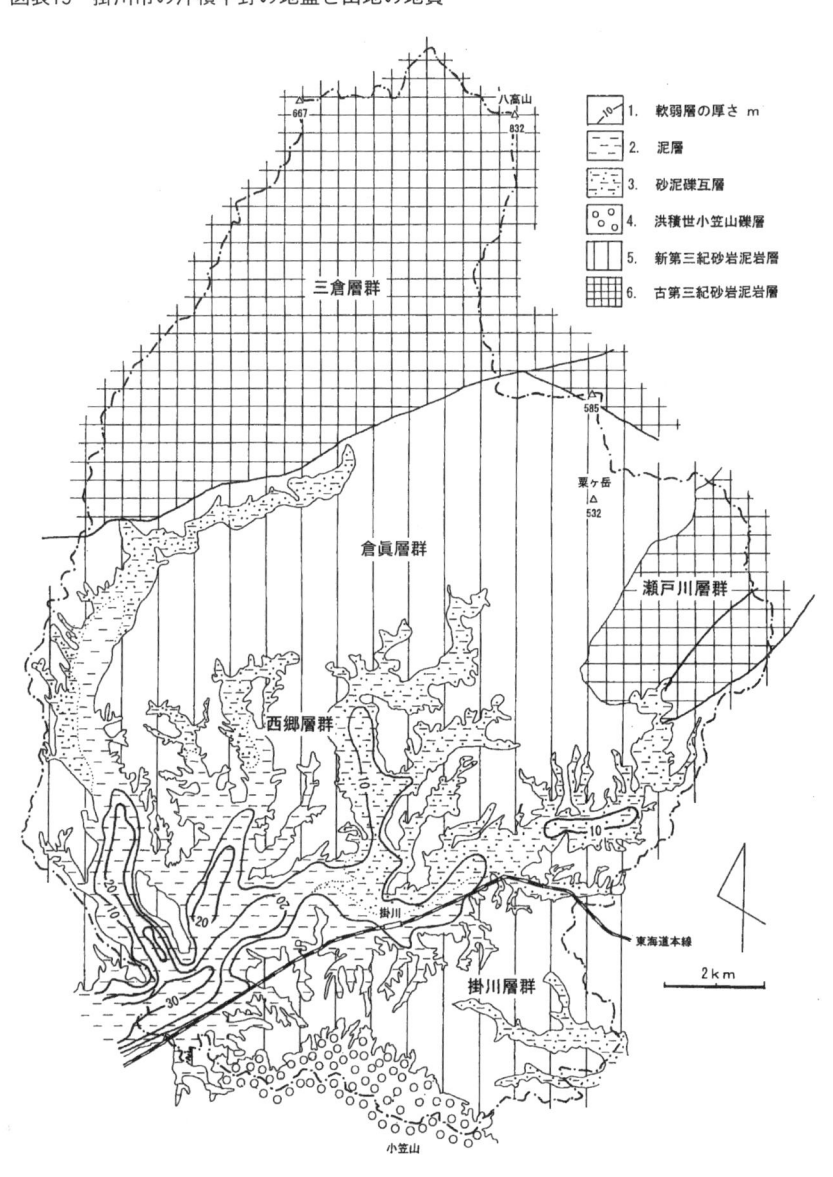

第11章 掛川市とその周辺に予想される東海地震災害

図表15 掛川市の沖積平野の地盤と山地の地質

225

掛川の北側には、西郷層群や倉眞層群という地層があります。これらは掛川層群よりもはるかに古い地層です。掛川層群はおよそ400万年前から160万年前に形成された地層ですが、それに対して西郷層群や倉眞層群は1,600〜2,000万年前で、かなり古くなります。

　西郷層群はよいのですが、倉眞層群は火山灰を多く含み、貝の化石はあまりありません。そのため、雨が降ると溶けだすことが多く、豪雨や地震の際にはしばしばがけ崩れを起こす特徴があります。

　三倉層群や瀬戸川層群はもっと古く、6,000〜5,000万年前の古第三紀の地層です。非常に古く硬い地層なのですが、表面は比較的もろく砕けやすいという特性があります。小さな崩れが頻繁に起こるというのがひとつの特徴です。北部の山地に広く分布しています。

　掛川の平野部は、逆川や倉眞川の流域に細かく分かれて広がっています。そこでは、Ｎ値（第12章参照）10以下の軟弱な地層が深さ10ｍ以上あることを示しています（図表15）。Ｎ値10以下の地層が深さ30ｍもあるのは、隣の袋井市との境界付近で、地面の下にはＮ値の小さい、軟らかい地層が深さ30ｍほどあるということです。Ｎ値10以下の地層とはすなわち軟弱地盤です。そうした地盤が深さ10ｍまである地域は掛川駅のあたりまでのびていますが、東南海地震のような大きな地震が起こったときに、集落の全壊率が30％に及んだのが、実はこうした特徴を持つ土地ゆえだからです。

　1944年（昭和19年）の東南海地震のころの木造家屋と現在の木造家屋では、現在のほうが建築方法などが改善されて、強くなっているとは思います。しかし、いろいろな建具や内部で使われている道具・器材というものは、必ずしも地震に対してよくなったとばかりはいえないようです。

　たとえば1978（昭和53）年の宮城県沖地震では、昔に建てられた家ではそんなことは起こらなかったのですが、比較的新しい家の場合、地震の際に前の通りを歩いていると上からいろいろなものが落ちてきたとい

います。

　関東地震のころは、大地震が起こったら「竹やぶに逃げ込め」といわれていました。竹はしなるうえに葉がたくさん茂っているので、上から何か落ちてきても、頭に落ちる危険が少ないのです。また、竹は横に根を張っていますから、いくら揺れても倒れないという特徴を持っています。そういうわけで、昔は大地震が起こったら竹やぶに逃げれば助かると考えられていました。

　私が在職していたころでも静岡大学の防災訓練で、サイレンが鳴ると多くの学生が立ち上がって避難しようとします。地震が起こったらまず机の下にかくれるようにと教えている静岡大学でさえも、地震防災訓練のサイレンが鳴ると途端に立ち上がるというのは、こうした昔の習慣が生きているのかもしれません。

　昔の家と現在の家は違うので、1944（昭和19）年の東南海地震の全壊率がそのままあてはまるかどうかはわかりません。しかし、軟弱地盤が10m以上の厚さで存在するところは、それだけ大きく揺れることは確かです。しかも多くの場合、地下水が浅いので噴砂現象や噴泥現象などの液状化現象が起こるに違いありません。安定性に欠ける地盤だということだけはいえると思います。海に浮かんだ船のような家をつくることができれば、いいかもしれません。それほど大きく揺れるのです。

　硬い岩盤なら地震が起こっても小さな揺れしかしないのですが、軟らかい地盤は同じ地震でも非常に大きく揺れます。また木造家屋の場合には、木造家屋の振動の仕方と地震の揺れ方がたまたま合ってしまうと、共振して揺れが増幅してしまう場合があります。

　いずれにしても重要なことは、掛川地域の平野部の地盤は軟らかいということです。周辺の掛川層群や西郷層群上はあまり問題がないのですが、平野部は非常に大きく揺れるということだけは覚えておいていただきたいと思います。

■ 地盤に応じた地震対策

　では、皆さんが住んでいらっしゃる家の下はどんな地盤なのでしょう。

　掛川市役所には静岡県防災局からの資料があると思います。50ｍ四方ごとの地面の下がどうなっているかという点については、静岡県全土の地質図がつくられており、現在では、調べようと思えば誰でも調べられるはずです。

　当初はそれを全県下に知らせて、各家の地盤についての知識を伝えるはずだったのですが、そうすると土地の値段などいろいろな懸念が生じ、実行されないうちにすぎてしまいました。

　しかし今となっては、やはり自分の住んでいるところは海抜や標高にして「どれほどの高さか」「どんな地盤になっているか」は知っておく必要があります。ぜひ、確かめておいてほしいと思います。

　掛川層群は問題がないと述べましたが、そこに住んでいればまったく心配ないのかといえば、そうともいえません。

　特に団地の場合、建設の際に山の斜面を崩して段をつくる場合が多いのです。山の斜面の一部を切り取り、切り取った土砂をその削った部分に埋め立てて、平らにならした段をつくっていくのです。個別にはそれぞれ違うので一概にいえませんが、これが一般的な方法です。

　したがって、掛川層群の階段状の団地に住んでいる場合、どこが元の地山で、どこが埋め立てた部分かを知る必要があります。もちろん、元の地盤はしっかりしていますから、その上に直接家を建てたのなら問題はないと思います。

　1978（昭和53）年の宮城県沖地震（M7.4）で、住宅団地が大崩れになった事件がありました。それ以来、団地の建設方法もずいぶん変わりましたが、それでもやはり段をつくる方法で建てられた団地は多くあります。段をつくれば、必ずどこかを埋め立てます。もとの地盤と埋め立てた地盤にまたがって家を建てると、埋め立てた部分だけが壊れてしまうとい

う事態が生じるのです。したがって、やはり自分の住んでいる家の下がどうなっているかを知ったうえで、それなりの対策をしておけば心配はないといえます。こうしたことを考えていただきたいと思います。

もちろん、家を耐震建築にするのも必要な対策です。こうした軟らかい地盤に住んでいる場合には、噴泥現象や噴砂現象がいつ起こるかわかりませんから、できればそうしたほうがいいのは当然です。

ただし、たとえば地震の前に非常に乾燥状態がつづいて雨がまったく降らなかったとすると、噴砂現象なども非常に少ないのです。ところが、地震の1週間前に大雨が降ったような場合だと、液状化など噴砂現象が起こってしまいます。地震がいつ起こるかを事前に知るのは難しいのですが、こうした地盤の特徴に関する知識も知っておいてほしいと思います。

掛川地域の山崩れと地すべり

1854（安政元）年の安政東海地震の際の安倍川流域の山崩れを示したものが**図表16**の左側です。当時、山崩れのあった流域の36か村が寄り合って、安倍川の上流から下流までこんなに多くの山崩れが起きたのだから租税を免除してほしいと、嘆願書を幕府に提出しました。そのときの山崩れの場所を示した絵が残っています。それを現在の地図に書き直したのが図表16の右側です。

安倍川流域では、安政東海地震でこのように山崩れが生じました。調べて見ると、同じところで最近までに山崩れがあったりして、現在でも山崩れが起こる場所はまったく同じだとはっきりわかります。

ところが、富士川や大井川、天竜川流域ではどこで山崩れが起こったか、まったく記録が残っていないのです。しかし図表16を見る限りでは、静岡県全土のあちらこちらで大きな山崩れが発生すると考えられます。

では、掛川地域では山崩れは発生するでしょうか。**図表17**は、掛川地域の過去の山崩れと地すべりの分布図です。この図表は、静岡全県につ

図表16　1854（安政元）年の安政東海地震による安倍川流域の山崩れの分布

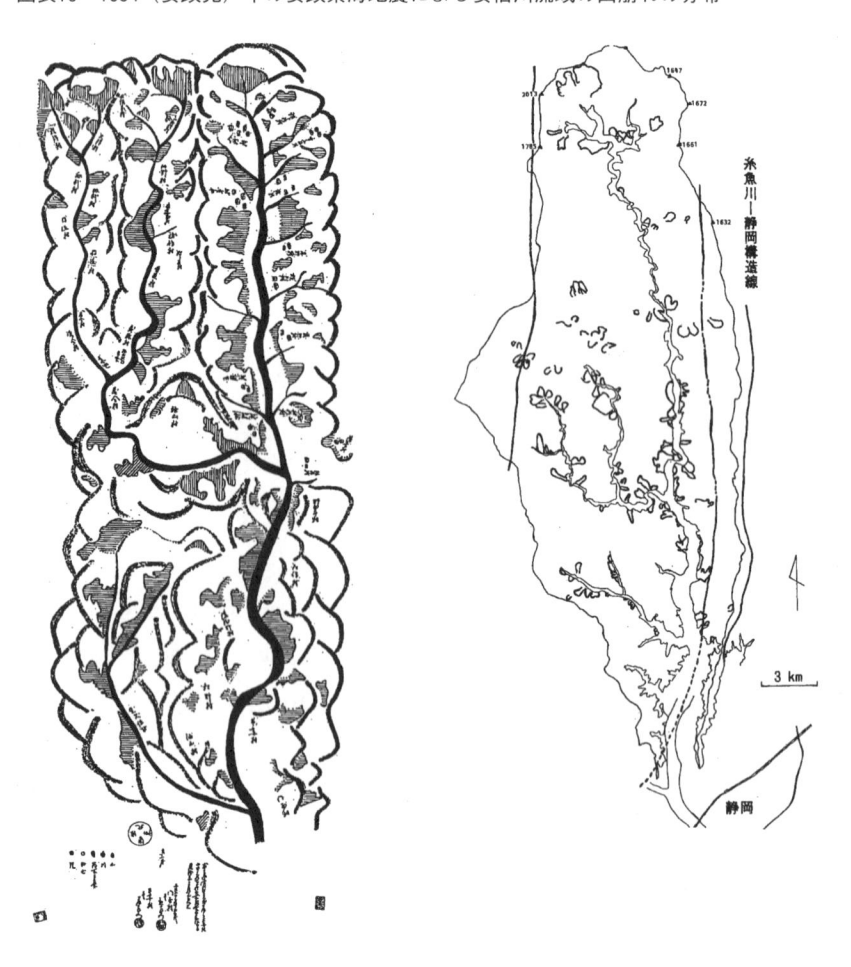

いて作成した図から掛川地域だけを取り出したものです。

　それほどの被害ではないともいえますが、粟ヶ岳の周辺にはかなり地すべりや山崩れがあります。また、八高山の南西側の川の上流周辺には地すべり地帯があり、その上には山崩れがあるというのが大きな特徴です。

　図表17で見る限りは、安倍川流域のような大規模な山崩れは起こらな

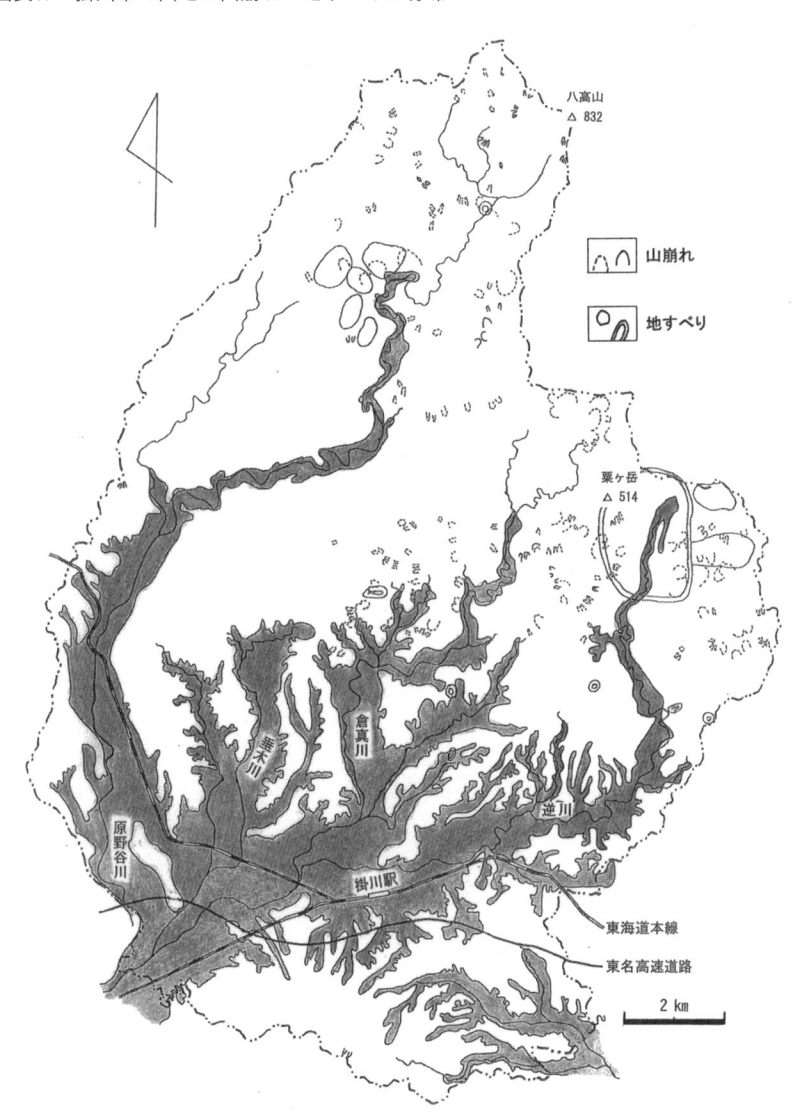

第11章 掛川市とその周辺に予想される東海地震災害

図表17 掛川市の山地の山崩れ・地すべりの分布

231

いのではないかと思うのですが、ただ、さきほど述べたように、大地震が起こる1週間くらい前に大雨が降っていたら、それは大きな要因になります。その場合、こうした山崩れが至るところで起こるという事態になります。これは大きな問題なのですが、なかなか予測できません。

最近50年くらいの間に地すべりや山崩れが起こった場所は、地震や大雨の際にはまず崩れると考えて間違いありません。そのかわり、以前に起こったことのない場所で突然発生することもまずないのが、山崩れや地すべりの原則です。

牧ノ原台地は昔から有名な地すべりの地域です。これは礫層の下に水を通さない軟弱な泥層が横たわっているのが大きな原因です。

また「由比の地すべり」も有名です。関東地震で由比に地すべりが起こったため、道路が完全に閉鎖され、全交通がストップしました。3週間の間、関東と関西が切り離されてしまったのですが、それは箱根ではなくて由比の地すべりのせいだったのです。これは関東地震が発生した9月1日より前の1週間に140mmもの雨が静岡に降ったのがひとつの原因だと思っています。

地震の前の大雨は、地震被害の程度に影響を及ぼすことがあるので、注意は必要だと考えたほうがいいと思います。

■ 活断層と地震断層

地層や岩盤に大きな力が加わって割れ目ができ、ずれているところを「断層」といいますが、この部分が動いたときに地震が起こります。

主に上下の方向にずれている断層を「縦ずれ断層」、水平方向にずれている断層を「横ずれ断層」と分類します。

縦ずれ断層では、ズレの面（断層面）の上側にあたる部分を「上盤」、下側を「下盤」といいますが、両側から引っ張る力が加わったため上盤が下方向にずれた断層を「正断層」といいます。その逆に、両側から押

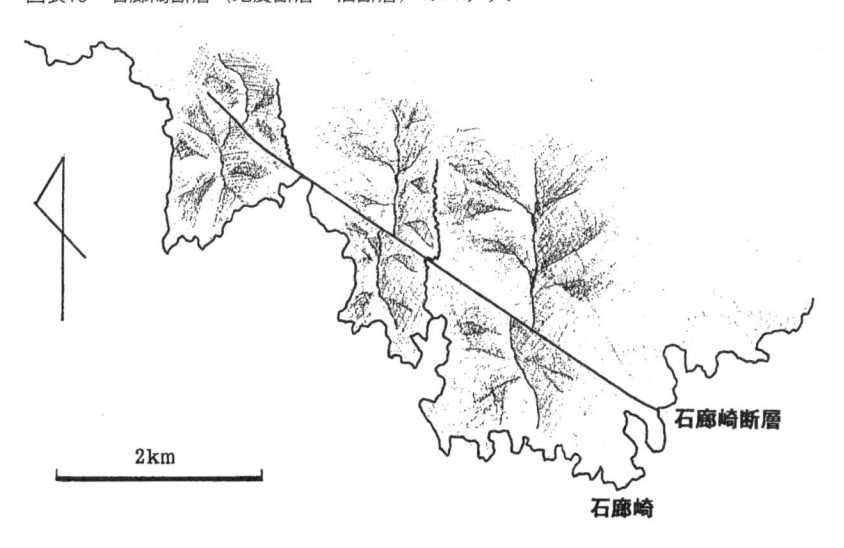

図表18　石廊崎断層（地震断層・活断層）のスケッチ

す力が加わったため上下方向にずれた断層を「衝上断層（逆断層）」といいます。横ずれ断層は、岩盤が押されたことによって右回りにずれたか左回りにずれたかによって「右ずれ断層」あるいは「左ずれ断層」とします。

　1974（昭和49）年の伊豆半島沖地震（M6.9）の際、右ずれの地震断層が近くを通っている伊豆半島南部の中木では大規模な崖崩れがありました（図表18）。このときほかにどんなことが起こったかといえば、石廊崎にある煉瓦でつくった昔の灯台はすっかり壊れました。伊豆半島南部の海岸という海岸では、いたるところで崖崩れが起こりました。崩れても海へ落ちるのであまり巷間で騒がれませんでしたが、一周り全部というほどに海岸の崖は崩れ落ちてしまいました。

　地震断層が通っている石廊崎付近の稲葉さんというお宅のお庭では、庭にあった岩のところで地震によるズレが見られました。これがどれほどかというと約45cmずれたのです。ずれたところに跡が残っていて、

図表19　静岡県の断層・活断層・地震断層の分布

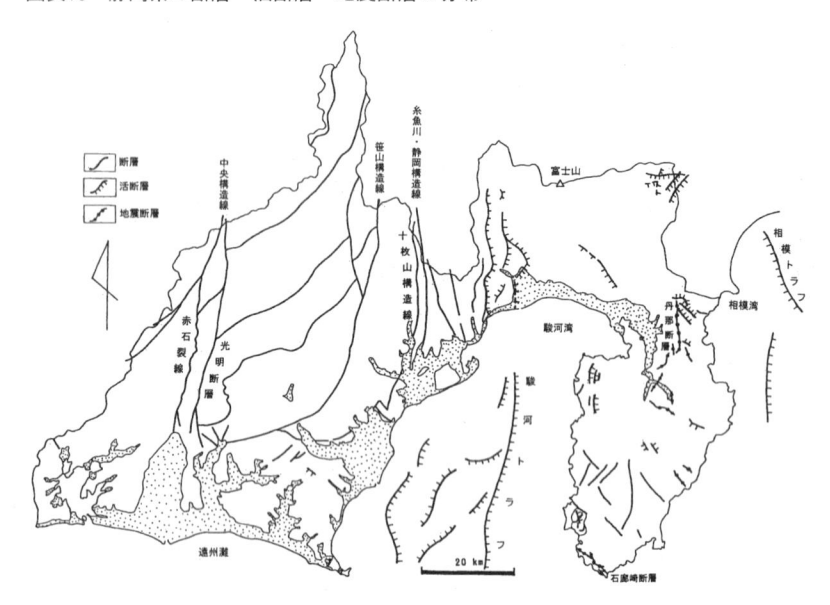

この間に粘土がたまっていました。つまり、前にずれてから後、この粘土がたまる間地震が起こらなかったわけです。およそ700年前にも地震が起こったのですが、また起こってずれたということです。

　こういうのを「地震断層」といいます。地殻の浅いところで地震が起き、地上に断層のズレが現れたものです。空から眺めると、山の尾根も250mずれています（図表18）。谷も同じようにずれています。それまで地震が起こるたびに少しずつ動いていたから、こうしたズレができたと考えることができますが、こういうものを「活断層」と呼んでいます。将来も活動の可能性のある断層だからです。図表18は南からの力が加わって南側が北西にずれ、北側が南東にずれたことになるので右ずれの地震断層であり、活断層でもあるわけです。

　静岡県には活断層はたくさんあります（図表19）。特に伊豆半島には多く分布しており、御前崎や掛川市の周辺にも少しあります。

地質学的に最新の時代（第四紀後期）に地震により断層をつくり、将来もまた地震を起こすかもしれないのが"活断層"です。たとえば、掛川市にはたくさん断層がありますが、それらは本当に活断層でしょうか。これらは新第三紀鮮新世（520〜164万年前）にできた断層です。地層ができてから生じた断層ですから活断層ともいえるのですが、以後、活動はつづいていないのです。

こうした断層は地層がしゅう曲したときに少しずれて生じたものです。掛川市には活断層のようなものはあるのですが、本当の活断層とは考えなくていいのではないかと思います。

御前崎や池新田の近くにあるのも活断層のように見えますが、これは地層が曲がるときにずれただけのものなのです。地震が起これば、地層はまた曲がるかもしれませんが、それによってまた地震が引き起こされる危険はないと考えていいと思います。

東海地震への備え

以上、予想される東海地震が起こったときの掛川市周辺で起こりそうな災害について述べました。このうち、掛川地域では地盤災害と近代都市災害が特に大きい可能性が高いと思っています。

そのため、現在自分が住んでいる、あるいは生活しているところはどのような地盤なのかをよく知ってほしいと思っています。そして、もし東海地震が起こったら自分はまず何をすべきかを考えていただきたいし、そのためには、今から何を準備しておくべきかを考えていただきたいと思っています。そういった意味では、1995（平成7）年の阪神・淡路大震災は"都市災害"について大いに参考になると思います。

しかし、東海地震の起こり方や揺れ方については、直下型地震ではなく沖合海底下の巨大地震なので、前震の長い、揺れの大きい関東地震や東南海地震に近いと思っています。

図表20　東海地震に関連する新しい情報と防災対応

これまでの対応

情報名	主な防災対応
予知情報	●警戒宣言 ●地震防災警戒本部設置 ●地震防災応急対策の実施
判定会招集連絡報	●職員緊急参集
観測情報	●情報収集連絡体制
解説情報	●特になし

新たな対応

情報名	主な防災対応
予知情報	●警戒宣言 ●地震防災警戒本部設置 ●地震防災応急対策の実施
注意情報	●準備行動（準備体制）開始の意思決定 ●救助部隊、救急部隊、消火部隊、医療関係者等の派遣準備の実施 ●住民に対する適切な広報
観測情報	●情報収集連絡体制

危険度 →

出典　気象庁・内閣府

　津波は海岸では標高5～6mまでは来ると思いますが、掛川駅のあたりまではやって来そうもありません。しかし、山崩れ・地すべりは北部の山地では起こりますが、大規模な土石流にはならないだろうと思っています。
　ただ、地震の起こる少し前に大雨が降らないとは言い切れません。また、山崩れも津波も、災害に遭う人にはヨソの場所から来た人が意外に多い、ということを知っておいてください。
　地震が起こるとき、自分がどこにいるかはわかりません。ですから、地震災害のすべての基本はよく知っておく必要があるのです。すべての人が地震とその災害の起こり方をよく理解し、そのときにどのように対

処するかを知っておくことは、現代の地震災害を少なくする秘訣のひとつだと思っています。

　これまで東海地震に関しては、1週間前に判定会が招集され「いよいよ危険」と判断された場合は予知情報が出されるということでしたが、2004（平成16）年1月からは、それより前に注意情報、観測情報が出されるということになりました（**図表20**）。

　地震が起こる前にある程度時間が与えられたようなもので、私たち住民はこれを上手に生かして、あらかじめ考えている最低限必要な準備をさっそく整え、地震災害を少しでも少なくしたいと思います。

第12章 ◎対談
地層で決まる地震被害
防災に役立つ地層の知識

静岡大学名誉教授 **土 隆一**　静岡県掛川市長 **榛村純一**

■ 地すべりによる交通分断の危険性

榛村（司会） ごく単純な質問ですが、「地すべり」と「山崩れ」というのは、どう違うのですか。

土 地すべりというのは、傾斜面で常に少しずつ土地が下方にすべり落ちる現象です。地すべりをする場所は決まっています。上の層が水を通す地層で、その下が水を通さない地層になっていると、その境に水がたまります。傾斜面ではそこがすべり面となって、上の地層がすべり落ちていくのです。だから、いつも少しずつ下へ移動しているのが、地すべりです。

　山崩れというのは、たとえば、岩石が風化して割れ目ができたとか、あるいは急斜面だからといった、そういうところに大雨が降るというような何らかの理由があって崩れ落ちる現象です。地すべりと比較して、そのような違いがあります。

榛村 掛川市に地すべり地帯があるのですが、そういう場所に限って、昔から集落があるのです。やはり、水があるからでしょうか。

土 地下水があるので、掘るとすぐに井戸ができるという理由が1つ。それから、地すべり地帯というのは、たいていは少し緩い傾斜になっているものですから平らなところよりも都合がいいのです。

　広大な地すべりになると、その上に住んでいても実際には気にならないことが多いものです。たとえば雲仙の地すべり地帯でも、静岡県の由比でもそうですが、山の斜面のすそ野などでは、1年に数cm地すべりが起きたところで、住民にとって特に困ったことが起きるわけではない。ただ、たまたま大雨が降った後に地震が発生すると、大規模な災害になるので、困るのです。

榛村 以前、道路公団が、由比の地すべりのせいで日本の東西が分断してはいけないから、東海地震の危機管理のためにも第二東名をつくらなくてはいけない、と強調していたのですが、それほど由比の地すべりは大きな問題なのでしょうか。

土 やはり東海地震のような大規模地震が起こったら、由比の地すべりは静岡県にとっても最大の問題のひとつになります。あれはもう「完璧といえるほどに直しているではないか」という見方もあるのですが、さきほど述べたように、地震の1週間か2週間前に大雨が降った場合、まだ崩れていないところまで崩れてしまうのです。そうなると、結局、東海道を分断することになるわけです。

　これと似たことが起きるのが、愛鷹山や箱根山です。あそこは火山なので、普通は問題ありませんが、やはり大雨が降るとたまに地すべりを起こす。そうすると、東海道が分断されます。また静岡県の牧ノ原台地は、上が砂利層で下が泥地層ですから、その間に必ず水がたまります。

　そう考えると残念ながら、静岡県は東海地震の際にはおそらく分断されるだろうと思わざるを得ない面があります。

■ 東海地震研究の最新情報

榛村 『東海地震 いつ来る なぜ来る どう備える』(榛村純一・土 隆一編著、清文社、2002年7月)の溝上恵先生の章は、その1年ほど前に講演していただいた内容をもとに、執筆してもらうつもりでいたのですが、その後「研究の評価が変わったから」と溝上先生はまったく新たなものを書き下ろしてくださいました。お忙しいのに申しわけなかったと思ったものですが、それほど地震の研究状況は進歩が速いのですか。

土 それに関しては、実はちょうどその間に、国の中央防災会議で想定震源域の見直し作業をしていたことが、関係しています。ご講演から本の出版までの1年で、新たな想定震源域が確定したのです。その作業の過程で非常にいろいろなデータが上がっていたのですが、防災会議の委員会で発表しないうちは勝手に使えないものですから、溝上先生は講演時にはお使いにならなかったと思うのです。それで、1年後の本の出版の際にすっかり変えられたのだと思います。

たとえば、2001 (平成13) 年の静岡県東海地震防災セミナーの内容にしても、出版までの1か月で溝上先生は原稿を3回も書き換えられたのです。それぐらい変わったということは確かです。

そういう意味では、あの本には、最新の知見がまとめられているので、非常に参考になります。私はよく読ませていただいております。

■ 富士川河口断層帯とは

市民 テレビの地震速報を見ていると、富士川河口断層帯のところの震度が、東からの震度と比べると急激に変わるような気がします。どういう影響が働いているのかを、教えていただけないかと思います。

土 さきほど静岡県の断層と活断層の図をお見せしましたが、静岡県の活断層の中で最も活動的なのが、実は富士川河口断層帯なのです。

なぜなのかは諸説ありますが、私は糸魚川―静岡構造線との関連を考

えています。糸魚川―静岡構造線は、新潟県や長野県では現在も非常に活発な活断層ですが、静岡県では第四紀という活断層が活躍する時代でも、まったく動いていないのです。しかしこれが、静岡県では次第に東に移っていて、ちょうど富士川河口断層帯のところにあるのではないか、ということを考えています。

　実際にあの周辺地域を調べてみると、確かに地層がずれている面がたくさんあります。たとえば、富士山のすそ野で古富士火山の地層が100ｍずれているとわかりました。２万年前の地層が100ｍずれるのだから大変なことです。したがって次の東海地震でも、何か活動があるのではないかとはいわれています。

　富士川の下流の地層は砂利なので、静岡平野の中央と同様、地盤は地震に対して非常に安定しています。にもかかわらず、記録を見ると震度５と６が非常に多いのです。もしかしたら東海地震のような巨大地震のときには、活断層ほどではないにしても、地盤などが不安定で、断層線近くで大きく揺れる場所があるのではないかと、私は予測しています。

　富士川河口断層帯は糸魚川―静岡構造線の現在の姿であると考えたほうが、わかりやすいかもしれません。

■ 埋立地の団地は地震に弱いのか

市民　私どもの団地は、さきほどの地層と軟弱地盤の図表でいうと、深さ10～20ｍの軟弱地盤にあり、水田に約１ｍほど盛土してできた団地です。北側に隣接して、東西に送電線の鉄塔が通っているのですが、これは地震のときにどちらに倒れるか、予測できるでしょうか。

　また、幹線道路に40ｔの防火水槽を入れてもらったのですが、これがやはり地震でどれぐらい持ち上がるのか、教えていただきたいのですが。

土　送電線に関しては、実際にそれを見ていないので確かなことはいえないのですが、普通は、送電線を軟弱地盤の上に建てる場合、深く掘っ

てしっかりした地盤上に基礎をつけることになっています。だから、下の地盤まで基礎が通っていると思うので、送電線が倒れる危険は少ないのではないかと思います。

　道路の下に入っているという防火水槽は、深さにしてどれぐらい入っていますか。

市民　水田面と同じぐらいです。

土　浅いわけですね。ただ、大きさはどうでしょう。

市民　40ｔだと思います。

土　直径はどれほどですか。

市民　4ｍ×7ｍぐらいだったと思います。

土　そうすると、地震で大きく揺れることは揺れますが、ひっくり返ることはないと思われます。

市民　道路の通行に支障がないかという心配をしているのですが……。

土　上の水が揺れて噴き出すことはあるでしょうが、通行の支障になるかは、どの程度噴き出すかによりますね。

　神戸でも同様のケースがありました。神戸は海岸の埋立地に十何階建てのマンションが建っていますが、埋立地なので、基礎を基盤まで深く通してあります。地震で揺れましたが、建物はまったく無事で、ケガをした人もあまりいなかったと、記録に残っています。そして、やはり近くに防火水槽がありました。埋立地なので、流砂現象による噴水はかなり発生しましたが、防火水槽が倒れたということは、記録には残ってないですね。

市民　防火水槽が浮き上がってしまったということはないでしょうか。

土　水が大量に入っていれば、ある程度噴き出しますが、水槽そのものは大丈夫だろうと思います。

■ 地震に強い掛川層群

榛村 土先生は地質の専門家として掛川層群を研究しておいでですが、この地層の重要性について、わかりやすくお話をいただけますか。

土 地震とは直接関係がないかもしれませんが、掛川層群という名前は、京都大学の槇山次郎先生という有名な地質学者が命名したものです。最も詳しく研究されたのも槇山先生です。

ダンベイキサゴという貝は、ナガラミという名で知られていますが、海岸の浅いところで取れて、みそ汁などに入れて食されています。このダンベイキサゴは、化石として地層からもよく出るのですが、掛川付近で発掘されるものは、巻きの部分にトゲがあることがわかっています。それが地層の時代が新しくなると、トゲの数が減ってきて、やがてなくなり、現在のナガラミと同じ形になるのです。

これは同じ生物が環境によって少しずつ変化したために進化したのではないかという説が生まれました。これに関する論文がイギリスの大学で発表されて、世界的に有名になったのです。

こうした経緯を踏まえて、槇山先生はきちんと研究するため関係する場所の地質図をつくろうとされたのですが、結局、地層というのは断層があるせいで途中で切れてしまっていて、なかなか下から上まで全部調べるということは難しいのです。

ところが掛川層群の場合、最も古い地層が静岡県の相良町の近くにあり、そこから西方へ歩いていくと、少しずつ新しい地層が出てきます。その間が地層の厚さにして1,800ｍありますが、1つの地層が20cmから40cmぐらいで、全部数えることができるぐらいに揃っているのです。揃っているので、古い時代から新しい時代までわかります。

また、掛川のあたりはその当時は海岸近くだったので、ナガラミのような砂浜の生物の化石が出るのですが、浜岡町の方角へ向かうとどんどん海の深い部分の地層になるのです。昔の海の浅いところから深いとこ

ろまでの様子を、100万年以上にわたって追跡することができる地層は日本ではほかにありません。

　掛川層群という名前は、地質学を学ぶ人なら誰でも知っています。大学で地質学を学んだら、地層の重なり方や緩やかな褶曲の仕方、化石の出方を調べるのに「卒業するまでに一度は掛川層群に行って勉強しなさい」といわれます。ですから、必ず1度は来る場所です。日本全国の地質学の専門家が掛川を知っているのは、そういうわけなのです。

榛村　地震とは直接関係ないのですが、掛川は素掘りのトンネルが昔は多かったのですが、素掘りのトンネルは不便だからとほとんど切通しに変えてしまいました。しかし、まだ2つか3つ残っています。その1つが西郷から小市から飛鳥方面へ抜ける素掘りのトンネルで、これは掛川層群の一番典型的な場所なので、いつか土先生に見ていただいて、残していきたいと思っているのですが……。

土　あの素掘りのトンネルは、東南海地震でもビクともしなかったと記憶しています。確か東海道線の近くのトンネルも地震があっても、揺れはしても、天井は落ちていないはずです。それが掛川層群の特徴なのです。

　掛川層群というのは化石で有名ですが、今度地震が起きたら、あの地層はまったく崩れないことが明らかになるのではないかと思っています。誰かが家を建てて証明してくれないかと思っているぐらいです。

榛村　過去の地震では素掘りのトンネルは崩落したものが多いはずなんですが、あのトンネルはつぶれていないですね。

土　おそらく貝殻がたくさん含まれているので、雨が降ると石灰分が溶けて固まるのだと思います。だから、ゆったりとは揺れるのですが、壊れないという特性があるのだろうと、推測しています。

■ 軟弱地盤の対策

榛村　地図で掛川を、袋井・浅羽方面から原野谷川を上りつつ見ていく

と、途中で逆川水系、垂木川水系と、手の平を広げたように分かれており、その間には平野が広がっています。さきほどN値が10以下の軟弱地盤のところがあるとの話がありました。かつて間氷期に海進が起きた時代には、掛川は海だったということでしょうか。海だった地域が次第に埋まって陸地になったから、泥地層が深いのですか。

土　袋井までは確実に海でした。そのころは掛川は小さな川だったと思います。海が入り込んだかどうかは海抜の高さによりますが、掛川の海抜は比較的高いので、おそらく海にはならなかっただろうと思います。ただし、浅い谷だったと思うので、海面の上昇とともに川底の泥っぽい地層で上まで埋め立てられた、と思います。

榛村　ところで、N値というのは何のことか、少し説明してください。

土　地盤の硬さを示す数値で「標準貫入試験」を行うと得られます。これは決まった重さのハンマーを落下させ、ある一定の深さまで杭を打ち込むのに、何回ハンマーを落下させたかの回数です。硬い地盤は落下回数が多く、逆にやわらかい地盤は落下回数が少なくなります。N値が10以下だと非常にやわらかい地盤です。硬い地盤では50以上になります。

榛村　N値が低い地盤だから、家を耐震建築にしなさいという行政指導はできるのですか。

土　それは行政上の問題ですが、上述したようにN値が低いと軟弱な地盤なので、家は耐震建築にすることが望ましいのはもちろんです。耐震建築にする1つの方法は、軟弱地盤の下の強固な地盤まで届く深い基礎をつくればいいのです。軟弱地盤がさほど深くはない場合には、こうした工事もそれほど大変ではありません。

　また、N値の低い軟弱地盤の土を硬くするという地盤改良工事もあります。

　もう1つの方法は、枠組壁工法で耐震性のある家を建てることです。揺れは大きいのですが、壊れない家になります。

いろいろな考え方があると思いますが、大別した2つに分かれます。基礎工事で軟弱地盤の弱点を克服するか、枠組壁工法で耐震性を高めるかです。後者の場合、軽いため揺れは大きくなりますが、そのかわり家自体は壊れません。どちらをとっても、よいのではないかと思います。

第一東名の問題点

榛村　第一東名は1960（昭和35）年ごろにできたのですが、掛川市ではN値が非常に低いところを通って、国道1号線を横切っています。建設当時は東海地震は想定されていないと思いますが、その後は何か対策がなされているのでしょうか。

土　第一東名建設当時、私も自分の学生と一緒にいろいろな協力をして、実際に携わったのですが、あのころは軟弱地盤だと家もほとんど建っていないし、土地の値段が安かったので、第一東名はそういう土地ばかりを使ったようです。したがって、しばしば軟弱地盤を通っている高速道路なのです。

　神戸大学の石橋克彦先生が東海地震の警鐘を鳴らされたのは、その後のことです。しかしそれ以前から大地震の際の問題は指摘されていましたから、軟弱地盤地帯は「特に基礎工事をしっかりしなくてはいけない」と、3回か4回工事のやり直しがされているのです。しかし、実際にどこを工事し直したのかまでは、わかりません。

榛村　第一東名の工事のころは、石橋先生はもう東海地震について発言されていたのですか。

土　できてから後のことです。しかし第一東名のときには、すでにさきほどのような軟弱地盤の地図はできていました。第一東名が、どうしてその場所を走っているのかといえば、そこが最も土地が得やすかったからと思われます。

榛村　そんなことが、実際にあったのですか。工事費がかかるから、軟

弱地盤を買って土地の購入費を安くしようということですか。

土 はたから見ていると、どうしてこんな軟弱地盤をわざわざ選んで高速道路を走らせたのかといいたくなるほどです。多くの人は、平野だから高速道が通っていると思っていますが、軟弱な地盤地帯を選んで通っているのです。

　もちろん、途中で橋があったり、山の間を切り取ったりしている箇所もあるので、全部が全部だとはいいませんが、静岡県だけを見れば軟弱な地盤地帯を選んで走っています。浮島ケ原のところだけはとても道路を引けないというので、愛鷹山のほうに寄ったりしていますが、静岡、清水は明らかにそうです。掛川の北もそうだと思います。ただ、地震対策ということで、3回ほど工事していることは確かです。

榛村 どういうことを3回行っているんですか。

土 補強工事をやっています。なぜかというと、やはり地盤が沈下してくるのです。

榛村 現段階で、東海地震クラスのM（マグニチュード）8程度の地震が起きた場合でも、第一東名は倒れないようにはなっているのですか。

土 これだけ再工事をしていますから、大部分は壊れないでしょう。しかし、一部は壊れるかもしれません。第一東名はどこかで遮断されてしまうかもしれません。

　ただ、自動車そのものは停止していれば危なくはないと思います。やはり四つ足ですから、その点は違うと思います。

■ 自治体ごとの地盤地図の必要性

市民 最近、毎週『静岡新聞』に地震の説明のついた地図が載るので、ずっと資料として保存しているのですが、そのもとになるデータがあるはずだと思っていました。そうした資料はわれわれ住民のところには届かないのです。さきほど土先生が市役所には資料があるだろうといわれ

ましたが、地域の防災会としては、自分たちの地域がどうなるかを知りたいので、行政にそういう資料はないかと問い合わせたところ、「うちにはありません」といわれました。確か県の防災センターでは有料で、1万円台ほどで売っているとは聞いたことがあります。

しかし、そうした資料を、お金を出してわれわれが買わなければならないのか。無料で自分の地域の部分だけは、提供してくれないのか。掛川市なら掛川市の部分だけを抽出したようなものを、作成してくれないのか。非常に矛盾を感じます。そうした資料をわれわれが安く入手できる方法がありましたら、教えてください。

土　さきほど申し上げたように、軟弱地盤の地図は今から20年ほど前にできたものです。当時の地震対策課と協力して、静岡県内全土について作成しようという意図でつくったのです。全県下、平野部分はすべて調査しました。

その後、さらに第2次被害想定を行い、現在は第3次被害想定ができています。第3次被害想定は、コンピュータで500m四方のマス目をつくって、全県下の平野をそれに割り振って、作成しています。

ですから、資料があることは確かなのです。しかし、その資料のどの部分が各市町村まで行き渡っているのかというと、少なくとも最初の調査資料は各市町村に届いているはずなのです。ただ、現在の市町村担当者は把握していないかもしれないので、静岡県の防災局に行けば、各市町村にどうやって配布したかが、わかるのではないかと思います。

有料販売しているという話ですが、カラー印刷にすれば制作費がかかるので、どうしても有料になるのかもしれませんが、その点が問題ですね。私が最初の調査で協力したときには、調査結果は市町村にも配布するということで、そもそも始まっているのです。しかし、それが現在どういうことになっているのかは知りませんので、それについては一度防災局に聞くようにいたします。

市民 私も市でそういう資料はないといわれたときに、県へ問合せをしたのですが、県もはっきりわからないとのことで、いったい誰にどう聞いたらいいのか、途方に暮れていました。先生がつくられたのだから、確かにあることは間違いないと思うのです。

　県下全部を網羅したものは、とりあえず必要ないので、この地域の分だけがあればいいのです。地域に限定した資料で、無料か、有料にしても安価ですむようなものを、ぜひ欲しいのです。今のところ、静岡新聞に掲載される鮮明でない地図だけを、頼りにしているところなんですが……。

土 静岡新聞に出ているのは私も毎回読んでいますが、ほとんど間違いがないので、おそらくもとを見てつくっていると思います。

　私が調査していた当時のものは、静岡県の東部、中部、西部と伊豆半島で3〜4枚の組になって、全紙判の大きさのものがつくられているのです。ですから、たとえば掛川市あたりは静岡県西部に入っていると思います。

　ただ、市町村レベルなら、もう少し詳しいものが欲しいところだと思います。静岡県西部は、その後、第2次被害想定、第3次被害想定を行っていますが、第2次被害想定のときに、確か500m四方に区切って、各町村ごとにわかるようにしたと、記憶しています。

　その作業は私が行ったわけではないですが、もとの調査は知っておりますので、私からも忘れずに関係者に聞いて、みなさまにお伝えできるようにしたいと思います。今日はそれ以上お答えできなくて、申し訳ありません。

市民 お願いします、楽しみにしています。

　　注　上記の件については、インターネットで静岡県地震防災センターのホームページ「http://www.e-quakes.pref.shizuoka.jp/」を開き、第3次地震被害想定をクリックしてみてください。そうすることによって掛川市内の色々な被害想定を見ることができます。

第13章 ◎神戸大学石橋克彦先生講演録
東海地震と私たちの暮らし
地震と向きあうための基礎知識

（本章は、神戸大学石橋克彦先生のご講演の約2分の1を静岡県掛川市の文責により書きあらためたものです。）

　地震の話として皆さんが一番お聴きになりたいのは、たぶん、地震が来たときにすぐに役立つことではないかと思いますが、ここでは、平常時に地震に備えるための基礎知識をお話ししたいと思います。
　まず、地震そのものをよく理解していただくために、現代地震学が明らかにした地震のイメージを説明します。
　次に東海地震について、その予測の根拠や予想される災害、また発生時期の問題についてお話しします。
　最後に、東海地震が起きたときに浜岡原子力発電所がどうなるかはたいへん気がかりですから、それについて述べたいと思います。

■ 地震とは何か

　日常生活でわれわれが「地震」というと、大地の揺れを意味することが多いですが、地震を科学的に研究する地震学では、「地震」というのは、大地の揺れをもたらす原因となる地下の現象——地下の岩石破壊——を指します。

皆さんは「震源」という言葉をよく耳にされると思いますが、この言葉からは、地下のどこか非常に狭い範囲で岩石がグシャグシャに壊れるようなイメージを受けるかもしれません。しかし、実際はそうではなくて、面的な岩石破壊が生じます。

面的な破壊というのは、地下の岩盤に破壊の面が生じて、その両側の岩盤が互いに逆向きに急激にずれ動くというものです。岩盤がずれる破壊なので、正式な学術用語ではありませんが、私は「ズレ破壊」と呼んでいます。地震が終わると地下に破壊面ができるわけですが、これを、震源でずれる断層の面という意味で「震源断層面」といいます。非常に重要なことは、この震源断層面こそが、その地震の本体だということです。

地下でズレ破壊が起こると、その衝撃で岩石の振動が生じ、それが次々に周りに波及して、地球内部を四方八方にものすごい速さで伝わっていきます。これを「地震波」と呼びます。地震波が地表に達すると、震源断層面からの距離に応じて地面を揺らすことになります。

この大地の揺れ（日常用語で「地震」と呼んでいるもの）は、学問的には「地震動」といって、地下の岩石破壊である「地震」と区別しています。地震動の強さ、つまり大地の揺れの強さは場所によって違うため、各場所ごとに測定しなければなりません。それを表す尺度が「震度」です。したがって、同じ地震であっても、震度は場所によって異なることになります。

震源断層面は、ごく大まかには長方形で近似することができます。どういうことかというと、ある地震が起こったとき、地下に長方形の震源断層面を設定して、その位置・形・大きさや両側の岩盤がずれた量などに適切な数値を与えてコンピュータで計算すると、地表で観測された揺れや地面の変形が再現できるのです。ということは、逆に、観測データが豊富にあれば、それらを最もよく再現できるように、地下の震源断層面の具体的な姿を推定することができます。

ズレ破壊は、震源断層面のどこか一箇所から始まって面全体に拡がっていきます。地震が起こったときに「震源」として発表されるのは、この破壊の出発点のことです。震源断層面の両側の岩盤がずれる量は、非常に大まかには面全体で平均〇〇mというふうにいえますが、細かくみると、大きくずれ動く部分と、それほどでもない部分とがあります。大きくずれ動く部分は「アスペリティ」といって、地震が起こるまでは特に強く固着しており、大きくずれることによって地震波を特に激しく放出します。ある地震によってどの地点がどのくらい激しく揺れるかは、地盤の良し悪しが非常に大きく影響すると同時に、震源断層面のうえのアスペリティの分布にも強く依存します。

■ 地震と震災の違い

　地震に関連して非常によく使われる言葉に「震災」というものがあります。これは、読んで字のごとく「地震災害」を縮めたもので、激しい揺れによって人間社会に生ずる災害のことです。ですから、「震災」というのはある種の社会現象だということができます。それに対して「地震」というのは自然現象です。

　たとえば1995（平成7）年に起きた兵庫県南部地震とは、神戸・阪神地区や淡路島の地下で起こった岩石破壊現象を指しています。それによって人間社会に生じた災害が「阪神・淡路大震災」だというわけです。

　地震の問題を考える場合には、「地震」と「震災」を概念としてきちんと分けて理解することが重要だと思います。それがわかると、非常に大事なことがはっきり見えてきます。つまり、「地震は自然現象だから止めることはできないが、震災は社会現象だから私たちの努力で軽減できる」ということです。

■ 地震の大きさ

　地震の本体は震源断層面ですから、地震の大きさというのは、基本的

には震源断層面の大きさだといえます。ふつう、地震の大きさはマグニチュードという尺度（Mと表記）で表します。この尺度の数値自体は地震波を観測して求めるのですが、非常に大まかな目安として、震源断層面の大きさ（横方向の長さ、縦方向の幅、面全体で平均したずれの量、破壊時間を含む）とマグニチュードは、**図表1**に示すような関係があります。

図表1　地震の大きさ

マグニチュード	震源断層面の長さ	幅	ズレの量	破壊時間
M6	約15km	約5km	約0.5m	約5秒
M7	30～50km	15～20km	約2m	10～15秒
M8（巨大地震）	100～150km	約50km	約5m	約1分

　たとえば兵庫県南部地震はM7.3でしたが、震源断層面の長さは45～50km、縦方向の幅が約15km、岩盤のずれの量が平均1.5～2m、破壊に要した時間が約12秒でしたから、この図表にあてはまっています。

　図表1からわかるとおり、地震の大きさには規則性があります。つまり、マグニチュードが1段階大きくなると、震源断層面の長さ・幅、平均的なずれの量、岩石破壊に要する時間のいずれもが約3倍大きくなり、マグニチュードが2段階大きくなると、それらは約10倍大きくなるのです。地震現象はなにか不可解な地下の出来事のように思われるかもしれませんが、実は物理現象としてこのような法則性があるのです。M8クラスより大きな地震を巨大地震ということがありますが、その震源断層面は図表1のとおり広大なものです。その上にアスペリティがいくつかあって、それが連鎖反応的にズレ破壊していくのに約1分もかかります。その間じゅう地震波を出し続けるので、地表が揺れる時間も当然長くなります。

　要するに、地震の本体は大きな拡がりをもっているということが重要

です。震源断層面を具体的に示さないで話をするときには、それが拡がっている地下の領域や、それに対応する地表の領域を、「震源域」といいます。

■ 地震はなぜ起こるか

　地球の表層は硬いけれどもろい岩石の層で覆われており、そこは絶え間なく運動しています。特に日本列島などはその古傷だらけで、そうした既存の弱い面に沿って岩盤の変形がジワジワと進んでおり、その変形が限界にくると弱面で震源断層運動、すなわち地震が発生します。

　ここで大事なことは、特に日本列島の場合、過去数十万年間にわたって大地震が繰り返し発生し、山地や盆地（あるいは平野）が成長してきたということです。したがって、大地震は決してむやみに起こるのではなく、その地域固有のリズムを持った大地の変動ということができます。

　地球表層の岩石圏は何枚かのブロックに分かれていて、それぞれが年間あたり数cmというゆっくりとした速度で運動しています。その動きゆえに、各々のブロックの間でさまざまな無理が生じます。

　こうした岩石圏（岩盤）を英語で"板"を意味する「プレート」と呼んでいます。日本列島周辺の陸のプレートについてはさまざまな議論があるものの、海洋底を構成しているプレートは太平洋プレートとフィリピン海プレートの2枚であることがはっきりしています。

　ここで特に重要なのはフィリピン海プレートの動きです。これが北西の方向に動いてきて、東海地方から西南日本の沖合いで、日本列島の陸のプレートの下に無理やりもぐり込み、地球の深い部分へ斜めに入っているのです。これを「海洋プレートの沈込み」といいます。

　また、今、ご説明申し上げた一連の動きをまとめた理論を「プレートテクトニクス」といい、この理論を使えば、火山噴火や山の隆起現象はおろか東海地震の直接の原因も説明できます。

地震の種類と東海地震

　このプレートテクトニクスの枠組みで見ると、日本列島の地震は4種類に分けることができます。

　第1は、海洋プレートが沈み込んで陸のプレートとの境目で起こる「プレート間地震」です。この地震はプレート境界面が震源断層面となり、日本列島の場合、しばしば巨大地震になります。

　第2が、陸のプレート間の浅い部分で起こる「陸のプレート内の地震」で、兵庫県南部地震や鳥取県西部地震がこれにあたります。

　第3が、海の沖合いで起こる「海洋プレート内の浅い地震」です。代表的なものがM8クラスを記録した1933（昭和8）年の三陸沖の地震で、これは非常に大きな津波をもたらしました。

　さらに第4として「スラブ内地震」があります。「スラブ」とは地下に垂れ下がっている海洋プレートのことで、この地震は海洋プレートのやや深い部分で起こります。これは地理的にいうと、ちょうど海岸線直下あるいはすぐ沖合いなど、足元の深い部分で起こるため、強い振動をもたらし非常に大きな災害をもたらします。2003（平成15）年5月26日に宮城県沿岸（宮城県気仙沼市沖）で起きた南三陸地震がこのタイプでした。

　以上の4種類のうち、東海地震は第1の「プレート間地震」に該当します。プレート間地震の発生のメカニズムは**図表2**に示したとおりです。この地震は、いったん地震が起こると、次の地震までに100年から150年の間隔があります。海洋プレートは年間3～4cmのスピードで陸のプレートの下へ絶え間なく沈み込みます。陸のプレートと海洋プレートの境界は固着しているため、沈込み帯で摩擦が生じ、陸のプレートが無理やり引きずり込まれて内陸に動くといった現象が起きています。

　東海地震とは、いまご説明したような駿河湾から遠州灘地域の海陸の地下で巨大な岩石のズレ破壊によって生じるもので、原因は年間約3～

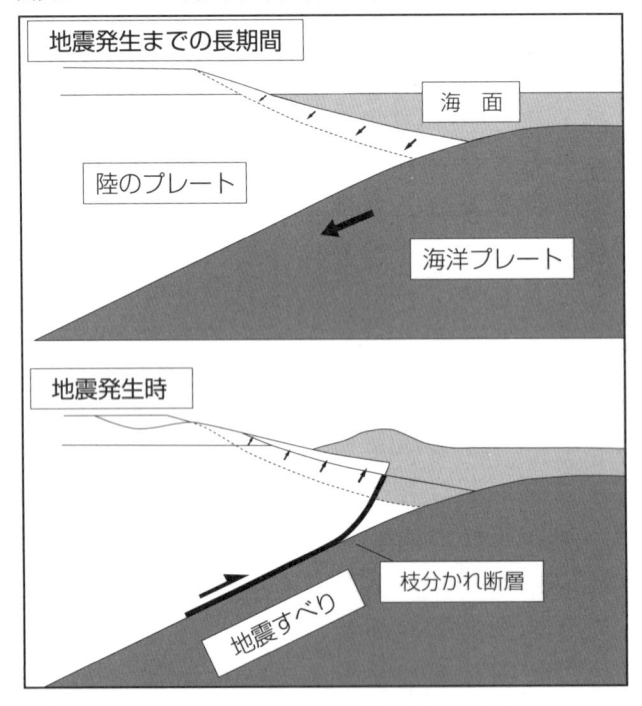

図表2　プレート間巨大地震の発生の仕組み

出典　石橋克彦『大地動乱の時代』（岩波新書、1994）

4cmのフィリピン海プレートの沈込みです。あるいは、西南日本の陸のプレートが東へ動いていることも影響しているかもしれません。

したがって御前崎近辺を観察していると、毎年、ここは沈み込んでいて内陸に向かってジワジワと動いています。

特に伊豆半島と駿河湾西岸を観察していると、両者の距離が縮まって、駿河湾西岸が沈降するという現象が起きています。それによって、海洋プレートとの境界面にある陸のプレートには、無理な引き込みによる変形が生じます。この無理な変形を解消しようとする反発力がジワジワとたまっていき、境界面の固着の強さを超えると、そこで陸のプレートの跳ね返りが起き「地震すべり」が生じます（図表2の下図）。つまり、冒

頭で申し上げたズレ破壊が生じて地震が起こるのです。

　陸のプレートが何の変形も受けなければ地震は起きないのですが、現実にはそうはいきません。年間４cmの沈込みと仮定すると、100年で４m、さらに150年で６mの移動のエネルギーが、変形として沈込み帯へたまっていきます。そこで100年ないし150年周期で地震が起きると、たまったエネルギーを一挙に使い果たすことになるのです。さきほどの４mないし６mという数字は、前述したＭ８クラスの地震のズレの量とちょうど合致し辻褄が合います。

　1854（安政元）年に安政東海地震という有名な大地震が起きています。この地震は、駿河湾の北部内陸から熊野灘までの地下のプレート境界面上の、非常に広大な震源断層面でズレ破壊によって生じたものです。

　ところが、さらにその90年後の1944（昭和19）年に、遠州灘の西半分から熊野灘までの地下に震源断層面が生じ、東南海地震が起こりました。しかしこのときは、なぜか遠州灘の東半分から御前崎の下の駿河湾は取り残されました。

　明治以来の駿河湾地域の測量データなどを見ると、プレートの変形は十分にたまっているのに、1944（昭和19）年にはそこでズレ破壊が起こらなかった。それゆえ、この残された部分でズレ破壊が起こるだろうというのが、東海地震の想定なのです。

■ 東海地震がもたらす諸現象

　東海地震が起こるとどういうことが起きるのでしょうか。地震を地下の岩石破壊現象という狭義でとらえ、東海地震という地下の岩石破壊現象が起きたときに、自然現象として何が生じるかを順不同に列挙してみます。

　まず、地下のズレ破壊が波及して地表までずれるということが考えられます。この地表までずれる現象を「地表地震断層」といいますが、た

とえば富士川断層帯という活断層がちょうど富士川河口を南北に走っており、そこに地表地震断層が生じる可能性があります。その場合、新幹線の富士川鉄橋などは破断する危険があります。

　第2に考えられる現象としては、前述のように地震波が出て、地表を広範囲に揺らします。震源断層面が大きいので北陸や埼玉、大阪方面まで大きく揺れます。特に震源の真上はかなり非常に激しく揺れるでしょう。

　第3として、非常に広範囲で地面が大きく変形し、地盤の隆起沈降が起きます。推測では地震の際の地殻変動である水平の動きもかなり大きく検出され、それが広い範囲に生じます。特に海底でこうした地殻変動が起き、広い範囲が隆起したり沈降したりすると、その上にある海水を持ち上げたり、引きずり込んだりするため、海面の変動が波となって伝わり、大津波が生じます。

　さらに第4として無数の余震が起こります。いったん大きなズレ破壊が起きると、不規則な破壊が次々と起きるため、その影響でどこかに無理なしわ寄せが生じることもあれば、ズレ破壊しそこなう場所もあるので、無数の余震が起こります。過去の事例では、M7クラスの大きな余震が引き続いて起こるほか、1年余といった時間が経過してからさらに余震が起きるなどの現象も観測されました。

　加えて誘発地震も起きます。余震と誘発地震の区別は難しいですが、やや離れたところで大きな地震が起こることもあります。たとえば1707（宝永4）年に駿河湾の奥から四国の沖までが一挙にずれ動いた宝永地震では、その翌日に山梨県でかなり大きな地震が起きました。

　駿河トラフから南海トラフ沿いでは、記録に残っている最古のものとして『日本書紀』に書かれている白鳳の南海・東海地震（天武天皇13年：684年）があります。「南海地震」という四国から紀伊半島沖にかけての地震と、「東海地震」という駿河湾から遠州灘・熊野灘にかけての地震が有史以来ペアで繰り返し起こってきました。

このように大地震が繰り返し起こる場所では、やや小規模の地震の後に大規模なものが続いて起こる傾向が世界各地で認められています。また多くの地震研究者が、東海地震とは別に、南海地震あるいは次の東南海地震が2030～2040年ごろに起こるかもしれないと考えています。

　こういったことは、実は東海地震がいつ起こるのかということとも関係します。東海地震はさきほど申し上げたとおり、1944（昭和19）年にはなぜか起きませんでした。

　ですから、そのまま次の南海地震まで持ちこたえて、2030年から遅くとも2050年ごろまでに、南海地震そして次の東海地震と相次いで起こるのかもしれません。あるいは、その前に単独で東海地震が起こる可能性もあると考えている専門家もいます。

静岡県は？　そして掛川市の被害は？

　そうしますと、実際に東海地震が起きた場合、静岡県および掛川市にはどんなことが起きるか気になるところです。

　静岡県は東海地震の震源断層面の真上にありますから、どこでアスペリティが大きく破壊されるかによって結果は違ってきますが、地盤がもたらす影響は決して無視できないだけに、地盤についても詳しく見ておく必要があります。

　2001（平成13）年に静岡県が発表した震度分布図では、掛川市に関しては西側の地盤の悪い地域が震度7と予想されています。この分布図では、太田川流域も予想される震度が大きくなっていますが、実際に1944（昭和19）年の東南海地震でも、やはりここは大きな被害を受けました。

　これから発生するかもしれない東海地震が、1854（安政元）年の安政東海地震とまったく同じような状況になるかはわかりませんが、そのときの例を見ても、やはり地盤の影響は色濃く出ています。したがって、今回の震度分布図は実際の東海地震の状況とほぼ似ていると考えて問題

ないと思われます。

　たとえば、掛川市は震度5～6となります。1854（安政元）年当時、掛川城は大きな被害を受け、天守閣は崩壊し第三層だけが残ったといい、石垣は大きく崩れ、やぐらもいくつか崩れました。さらに掛川の宿場は、家屋の倒壊が多かったうえに火事も出て全焼したものも多く、ほぼ全滅に近い状態。日坂はそれほどでもなく、掛川と同じく震度5～6程度。しかし小夜の中山は震度7といいますから、やはり地盤の問題は軽視することなく、過去に強い揺れを経験している地域は今後も十分に注意したほうがいい、ということになります。

　また、地震による液状化の問題も見逃せません。液状化とは、地震の衝撃で砂粒の間で飽和していた水の圧力が変化し、砂粒の間の結合が破れ、全体が液体のように流動化するというもので、地盤がドロドロになって沈下したり、あるいは泥水になった地下水が吹き出したりします。

　液状化が生じるのは地下水をたっぷり含んだ砂地盤ですが、砂に限らず多少レキが混じっている地盤、あるいはシルトでも強い揺れに見舞われれば液状化すると予想されます。

　それから火災に関しては、やはり密集した市街地は危険度が高く、揺れがそれほどでなくても、密集した地域ではかなり危険度が高いことがわかります。

　ただ、こういった火災こそ私たちの努力で軽減できるものです。とにかく火を出さないように注意し、出火したらすぐ消す努力をすることで、想定される被害状況は改善できます。

■ 地震予知に関する現状は？

　では、肝心の問題として東海地震はいったいいつ起こるのでしょうか。もちろん気象庁や研究者などは、すぐにも起こることを前提に24時間監視体制を敷いています。それでも、最近は「必ずしも確実に予知できる

わけではない」と盛んにいわれるようになってきました。

　いわゆる直前予知ですが、地下で進行している大地震発生のプロセスのなかで、地下からの何らかのシグナルを地表の観測で的確に捉えることができれば可能となりますが、これがなかなか一筋縄ではいきません。

　1944（昭和19）年の東南海地震では、どうやらその地下からのシグナルが見られたようですが、それが「次の機会もまたあるか」となるとまったく別問題で、シグナルなしで地震が起こることも十分に考えられるだけに、そのことを念頭に置いて注意を怠らぬ必要があります。

　では、直前予想は難しいにしても「5年・10年といったタイムスパンならどうなのか」という声も聞こえてきそうですが、これにつきましてもやはり困難さがつきまといます。

　たとえば「東海スロースリップ」という地震をともなわない地殻変動が、2000（平成12）年後半から浜名湖周辺域や浜松周辺から掛川にかけて起こっています。このスロースリップという現象ですが、実はよく調べてみますと、想定震源域の西に隣接していることがわかります。

　このスロースリップはズレ破壊の一種ですが、非常にゆっくりと地下の地盤がずれるので地震波を出しません。しかし、GPS（衛星利用測位システム）の測量データを使いますとその大地の動きが見えるので、現実に起きていることとして理解できます。

　こうしたスロースリップを根拠に「東海地震発生は近い」と推測する研究者はかなりいます。しかしその一方で「今世紀中ごろまで起きないのではないか」と考える研究者も少なくありません。

　仮に5年以内に東海地震が起きたとすると、過去のケースからすれば東海地震と東南海・南海地震が連動して発生することが多かっただけに、引き続きこれらの地震も発生するかもしれません。ですが、さきほど申し上げたように従来の東南海地震の発生周期で考えれば、今世紀中ごろというタイミングは早まりすぎます。したがって、東南海地震の周

期から見て、2030〜2050年ごろに一連のズレ破壊が起きるのではないかと考える研究者もいます。

　いずれにせよ、被害を受ける地域に住まわれる方にとってははっきりしなくて困った状況ですが、しかし問題は、1854（安政元）年のように東海地震と南海地震が続けざまで起こったときに、駿河湾から四国沖までの範囲に一挙に地震が起き、その規模がM8.6になるという巨大地震の発生を否定しきれない、ということなのです。

■ 浜岡原子力発電所は東海地震に耐えられるか

　ですから、東海地震が発生した場合、中部電力の浜岡原子力発電所は「安全か」という問題は十分に重みがあると思われます。このことに関しては、実は以前から心配しています。

　2003（平成15）年6月30日から7月11日までの10日間、札幌で第23回国際測地学・地球物理学連合2003年総会（IUGG2003）という、国際測地学・地球物理学連合の大きな国際会議があり、そこで私は「地球物理学的災害と人口過密都市の持続力」に関するセッションにおいて《地震と原発事故が複合した原発震災発生のおそれが否定できない日本の現状のなかで、地球科学者も被害軽減のための責任を負っている》という趣旨の講演をしました。

　原子炉には大量の核分裂生成物という放射性物質が蓄えられており、この放射能が外部に大量に放出されると甚大な被害をもたらします。

　たとえば、核分裂連鎖反応がコントロール不能になり、放射性物質の崩壊熱を冷却できないため炉心溶融が起こるといった、いわゆる「過酷事故」（シビアアクシデント：設計基準を大幅に超える事故で、通常の手段では適切な炉心の冷却ができなくなり、炉心の損傷が生じること）が起きると放射能放出が生じます。浜岡原子力発電所は何かトラブルがあった場合、

　①　核分裂連鎖反応を止めること

②　炉心の崩壊熱を冷やすこと
　③　核分裂生成物を外へ逃がさず閉じ込めること
という３つの機能を絶対確保するように設計されています。そのため耐震設計においても、考えうる最大の地震動でも上記①～③の機能を確保するために、特に重要な施設である原子炉圧力容器、原子炉格納容器、制御棒、残留熱除去の設備は、耐震重要度分類で最高のクラスに設定してあるそうです。

　しかし、私はこういった状況を踏まえつつも、以下のような疑念が生じることを禁じ得ません。さきほど申し上げた国際会議では、

- 東海地震の想定震源域の真上にある浜岡原子力発電所は、地震発生時に５～10mの津波が襲い、地殻が１m前後隆起するなどが予測され、浜岡原子力発電所の被害は「決してない」とは言い切れないこと
- 上記のような状況から、交通網が遮断され、緊急の際の同発電所への救助復旧活動等が困難になり、さらにそのことは、日本もしくは全地球規模の災害となる危険が高いこと
- 同発電所はそもそも立地地盤が軟弱であり、また耐震設計基準は現代地震学から見て古めかしく不十分であることから、原発震災が起きることは否定できず、客観的なリスク評価をする必要があること

という趣旨の発言をいたしました。

　当然、これに対し中部電力からの反論もありますので、その中身を踏まえながら、東海地震がもたらす原子力発電所への影響について考えてみたいと思います。

1. 津波に対する安全性の問題

　中部電力では、浜岡原子力発電所は東海地震を上回るM8.4の安政東海地震、あるいはその地震さえも上回るM8.5の限界地震に対しても安全性が確保されている、と主張しています。

　しかし、ここで問題にしたいのは、M8.4ないしM8.5の地震という

のは地震学的にどの程度のものなのかも十分わかっていないのに、それを「完全にクリアしている」とはいえないのではないか、ということです。

さらに、地盤が高くかつ前面に砂丘があるので「津波に対する安全性も確保されている」と中部電力は主張しています。確かに、そういった立地条件であれば津波が直撃することはないでしょうが、それでは冷却水の問題はどうするのか、という新たな疑問が生じてきます。

浜岡原子力発電所が持つ沸騰水型原子炉は、文字どおり炉心を冷却した水が蒸気になって発電機のタービンを回し電力を得るものですが、その水蒸気を冷やして水に戻し再び炉心に送り込む際、その冷却は海水を頼っています。すると問題になるのは、その海水をどこから取っているのかということですが、それは海岸ではなく沖合に取水塔を設けてそこから採取しています。

そうしますと、取水塔が沖合にあるなら「津波の心配はないのではないか」と考えたくなるのですが、事はそう簡単ではありません。津波は海底まで動かすエネルギーを持った波ですから、過去の地震の例からしてもたびたび大量の砂を運んできて港を埋めたりしています。そのようなことが起きて、仮に取水塔付近が砂で埋まったとしたら、さきほどの冷却はどうするのでしょうか？

中部電力では「取水できなくても巨大なプールに貯水してあるので問題ない」ともいっていますが、それではそのプールが地盤の隆起といった影響を受けないと誰が言い切れるのか、という問題があります。

さらに、津波が襲うのは浜岡原子力発電所だけではなく周辺一帯ですから、発電所への主要な道である国道150号線などもその影響は免れないはずです。加えて液状化や倒壊家屋による閉塞などが重なって交通が遮断されてしまったら、緊急の際のサポートをどうやって行うのか、という問題があります。

2. 地盤の隆起の問題

　地盤の隆起についても、中部電力は「浜岡原子力発電所は敷地全体が隆起するから傾斜も起きず問題はない」と説明しています。

　ですが、これはどうなるかわかりません。地盤が隆起するだけですめばいいですが、地盤というのは非常に不均質なものなので、それによって二次的な地盤の破壊が生じる可能性があります。また、この地盤には「H断層系」という断層もあり、将来的に活動を始めることはないかもしれませんが、こうした断層に沿って隆起した地盤が崩れて段差ができると、その上の原子力発電所の基礎が破壊されかねないという可能性があります。中部電力は、地盤は相良層と呼ばれるしっかりした岩盤だと主張するのですが、ここは相良層でも400万年から300万年前にできた、かなり若い砂岩泥岩互層の軟岩で、耐震性が高いとはいえません。

　岩盤は、普通の地盤に比べて地震の揺れが2分の1から3分の1に軽減されると盛んにいわれていますが、浜岡原子力発電所の場合、比木互層は地盤としては非常に柔らかい岩盤なので、そういう過大な期待はしないほうが無難と思われます。

3. 原子炉自動停止装置の問題

　浜岡原子力発電所は、最大600ガル（ガルは加速度の単位で揺れの強さを表す）の地震動にも耐えられるうえ、原子炉の最下層に地震感知器が設置してあり、150ガルを感知すると原子炉スクラム（緊急停止）信号を発し、炉心に制御棒が挿入され原子炉の反応が止まるようになっている、と中部電力は主張しています。ですが、制御棒が確実に炉心に挿入されるかどうかはわかりません。

4. 耐震性の問題

　中部電力では、耐震性についても中央防災会議が最新の地震学的知見に基づいて見直した想定震源域から計算した地震動を用い、耐震安全上問題のないことを確認したと述べています。

揺れも、中央防災会議による東海地震の新たな想定震源域をから考えても「耐震安全性に問題はない」というのですが、これはこの想定震源域の意味を理解していないに等しい発言ではないかと思います。

なぜなら、中央防災会議による東海地震の新たな想定震源域はあくまで地震防災対策強化地域の見直しが目的で作成されたもので、震源域付近の個々の地点の地震動を問題にする場合は、かなり大きな誤差が生じるものだからです。

繰返しになりますが、こちらの予測どおり東海地震が起こる保証はどこにもありません。原子力発電所に限らず、新幹線でも東名高速道路でもそうですが、安全性を検討するならば、アスペリティの配置モデルは1パターンだけではなく、重要な構造物にとって《都合の悪いアスペリティが足元にあるようなモデル》も入れておかなければ意味がありません。そういった想定を考えつくしたうえで「それでも安全だ」というのなら安心もできますが、たった1つの予測モデルで「問題がない」からといって、将来の東海地震に対して「絶対に大丈夫」とはいえないと思います。

もし、関係者が本当にそう信じているとしたら、私はかえってその事態にうすら寒いものを感じます。近場の地震動を問題にするときは、東海地震がそのモデルどおり発生すると考えてはいけません。これは中央防災会議の事務局である内閣府の文書にも、注意書きとしてはっきり示されていることです。

■ 見逃せない余震と停電の影響
1. 大余震の発生

余震は、その字面から受ける印象とは別に、その実態は非常に恐ろしいものです。東海地震と同種のプレート間地震である、1923（大正12）年の関東地震を参考にしながら、この余震について考えてみましょう。

1923（大正12）年といっても、実はまだデータが不十分な時代で、研究者によって少し結果は異なるのですが、ある研究者の成果によると、9月1日の11時58分に本震（関東地震本体）が起きたあと、そのわずか3分後の12時1分にM7.2の大余震が起こったようです。実際に東京では、本震よりも3分後のこの大余震のほうを強く感じています。

　さらに、その2分後の12時3分にM7.3の大余震が起こりました。加えてその45分後の12時48分にM7.1の大余震、本震から約24時間後の9月2日の11時46分には勝浦沖の大余震といわれたM7.6の最大余震、その日の18時27分にはM7.1の九十九里浜の大余震、そして約半年後には丹沢山地を震源とする丹沢地震（M7.3）が起きるなど、合計で実に6つの大余震が起きているのです。

　もちろん、これはあくまで関東地震のことですから、実際に次の東海地震がどうなるかはわかりませんが、一般にプレート間地震はこのように大きな余震をともなう可能性が高いだけに、M8クラスの本震を浜岡原子力発電所がしのげたからといって、それで「残りの余震も大丈夫」とはいかない問題もあると思われます。

　たとえば、本震で原子炉のどこにも「まったく損傷がない」という事態は、正直なところかなり厳しいと思われます。さきほど申し上げたとおり、原子炉といった重要施設は耐震重要度分類で最高ランクに位置づけられていますが、それでも目指しているレベルは「多少の損傷があっても最終的には機能を確保すること」ということです。ということは、本震をうまく乗り切ったとしても、その後に大余震が発生したときに「それでも原子炉が耐え抜ける」という保証はどこにもありません。

　また、本震と余震が原子力発電所の運転員に与える身体的・精神的影響も無視できません。こうして、制御棒の挿入不能、核暴走、電源喪失、配管の破断、冷却剤喪失、ECCS（緊急炉心冷却装置）の不動作、炉心溶融といった事態も考えられます。そうなると、膨大な放射性物質が外界

へ放出されるといった事態も決してないとは言い切れないのではないか、というのが私の懸念です。

無論、私は原子力発電に関して専門家ではありませんが、しかし地震を専門とする研究者ではあります。その地震を専門としている研究者としては、地震というのは「まだまだわからないことがたくさんある」というのが偽らざる実感であり、したがって地震のことはすべてわかったかのような対応が中部電力側にあるとすれば、それは「いかがなものか」と思わざるを得ません。

2. 停電の影響

原子力発電所は自ら発電していますが、外部から電気を供給されないと安全な運転は確保できません。外部からの電源を失うような事態に遭遇した場合、多くの機器配管類の同時損傷が起こりうるでしょう。これを「共通要因故障」と呼びますが、アメリカでは地震を「共通要因故障」をもたらす最大のものとして認識しています。

さらに、多重の安全装置が全面的にダウンしないとはいえない危険性が指摘できます。たとえば非常用発電機などが無事に働くかという問題です。

原子力発電所を実際に見学させてもらったことがありますが、さすがに非常用発電機は巨大で、その力は1万t級の船を動かせるようなものでした。それで「これが動かないような事態はまずない」というのが発電所側の見解なのですが、地震による損傷で潤滑油が漏れるといった事態が生じた場合、本当にそれで動くのかという疑問がないわけではありません。もちろん、そういった万一の事態に備えて非常用のバッテリーを確保してあるそうですが、それが地震の被害を受けてもなお、機能するかどうか？

1968（昭和43）年の十勝沖地震のときに、北海道から本州への通信用のマイクロ回線のアンテナの方向が地震でずれたせいで、電波による通信が途絶えたことがあります。北海道から地震被害の情報が直接入って

こないので、NHKラジオでは「NHKが傍受した札幌の放送によりますと」と断って報道しており、それで驚いた記憶があります。

少し何かがずれただけで全体のシステムに支障が生じる、というのが巨大システムが抱える盲点といえます。そういった盲点が浜岡原子力発電所に本当にないと言い切れるのか？ 本当のところは「地震は起きてみなければわからない」という実態からすると、慎重の上にも慎重さを求めたいのが原子力発電所というシステムなのです。

■ 原発震災が起きたらどうなるか

では「慎重の上にも慎重さを求めたい」と申し上げた根拠ですが、それは浜岡3号炉で過酷事故が起こった場合の被害状況にあります。無論、風向きなどの要因があり、精密な事前予想はかなり難しいのですが、ある試算によると、掛川市では全人口の50%が急性死するかもしれないという数字があります。

1986（昭和61）年のチェルノブイリ原発事故のときにベラルーシ共和国が適用した避難基準によれば、風向きの問題はあるにしても、栃木県から神戸方面まではすべて避難しないと、ガンや遺伝的障害が生じたりする晩発性障害になる危険があります。したがって風向きによっては避難するべきですが、避難したくとも道路が遮断され、橋は落ち、地面は液状化し、建物は倒壊するといった状況では、何万、何十万という人々がどうやって逃げるのかという問題があります。

無論、船で避難するという方法もあります。ただし、1986（昭和61）年に伊豆大島・三原山で起きた火山災害の際、全島民1万人を島外に避難させるだけでもかなりの大作戦でした。まして、地震で清水港が隆起して使えないといった事態になれば、船で多くの人を運ぶのは大変です。

だからといって、船という選択肢を捨て去るのはやや早計かもしれません。チェルノブイリ原発事故の際、原子力発電所から2.5km離れた

プリピャチ市では、バスを1,000台以上も動員して住民を避難させたといいますが、東海地震では道路網は寸断されるでしょうから、この方法はまずとれません。それだけに船の持つ輸送力は捨て難いと思われます。
　また、中央防災会議が2003（平成15）年の5月29日に、これまでのさまざまな見直しを踏まえて「東海地震対策大綱」を決定しました。予防対策から復旧・復興まで含めた総合的計画で、地震防災対策強化地域外も含む対策まで計画しているそうです。
　いくつか柱があり、1つは予知ができずに起こる可能性をはっきり認めた点が重要ですが、もう1つは阪神・淡路大震災のように、地震・震災が起きてから知事の要請を受け、被害状況を把握して自衛隊を派遣するのでは、人員も足りなくてとうてい間に合わないので、被害想定をもとにあらかじめ派遣部隊や派遣医師を東海地震応急対策活動要項で明確化し、発災直後からその計画に基づいて派遣しようという計画をつくっており、このことは新聞でも大きく取り上げられました。しかし、万が一原発事故が起こったら、せっかく計画したものも実行できなくなる可能性があります。
　チェルノブイリ原発事故のときはその処理のために、軍隊などが大量動員されたため、若い兵士に障害が起こりました。また、使われたヘリコプターやトラックは放射能に汚染されたため大量に遺棄されて、その車両の墓場があるそうです。こういった状況を考えあわせると、たとえば地震で新幹線が脱線・転覆して1,000人近くが中に閉じ込められているとして、それでも決死で救助に駆けつけてもらえるのか？　これもぬぐいきれない疑問として残ります。
　なかには「そんな荒唐無稽なことは起こらない」「人騒がせなことにすぎない」と思われる方もおられるかもしれませんが、日本では、かつて高速道路の倒壊は「絶対に起こらない」といわれていたのです。それが現実にはどうだったでしょうか？

兵庫県南部地震の1年前（1994年）1月にカリフォルニア州ロサンゼルスンゼルス郊外のノースリッジの地震で、高速道路がかなりの被害を受けたことがあります。そのときに日本の学識経験者や当局は「日本の耐震基準はカリフォルニアの基準と異なり関東地震クラスにも耐えられる。だから、あんなことは起こりっこない」といっていたのです。
　しかし、現実は皆さんご存知のとおり、兵庫県南部地震では高速道路が倒壊してしまいました。実際には「起こりっこない」ことが起きたのです。

住みよい街こそ震災に強い

　アメリカのニューヨークの中心から130kmぐらい離れたコネティカット州には、ハダムというところにハダムネック原子力発電所、ウォーターフォードというところにミルストーン原子力発電所と、2か所の原子力発電所があります。

　コネティカット州では『原子力発電所非常事態対策ガイド』という小冊子を作成し、周辺住民にあまねく配っています。2か所の原子力発電所いずれかで非常事態が起きた際にどのように対処するかについての重要な手引きが載っています。

　そこには、「このふたつの原子力発電所において、今後、深刻な事故が発生することは、ほとんど考えられません。両施設とも、最悪の状況下にあっても住民を守れるよう設計された、たくさんの安全装置が施されています。それでもなお、」としてコネティカット州では住民の健康と安全を守るため、非常事態が起きた際の対処方法――非常事態の定義からその伝達方法、屋内避難を指示された場合の対処方法、避難移動を指示された場合、子どもが学校・保育所に行っている場合――についての説明が書かれているのです。

　イギリスでも、リーズ市とブラッドフォード市の市議会の要請を受け

てつくられた住民向けのパンフレットがあります。驚くことに、両市がそのパンフレットで想定している原子力施設は両市から80kmも離れています。それでもパンフレットを用意して、住民全員に配っているのです。

　私は別にイデオロギーとして反原子力発電所を唱えているのではありません。ただ、現実の問題として浜岡原子力発電所がそこにあり続けるのならば、それならそれであらゆる非常事態を論理的に考え「しっかりとそれに対応していってはどうか」と申し上げているだけです。

　合理的な議論を行い、地震に強い街づくりを論理的につくりあげていくことは、実は誰もが住みやすい街づくりにつながると私は考えています。

　掛川市がますますそういった街として発展していき、みなさんが安全で平和に暮らせることを願って止みません。

| 第14章 | ◎鼎談

知ることこそ震災克服の第一歩

神戸大学
都市安全研究センター教授
石橋克彦

静岡大学名誉教授
土 隆一

[司会]静岡県掛川市長
榛村純一

■ 東海地震説から27年を振り返って

榛村（司会） 1976（昭和51）年に石橋先生が「駿河湾地震説」を発表されたその翌年に市長になり、以来、先生のご発言を参考に地震対策に取り組みつつ、市民の方々にもそれを呼びかけてきたのですが、今回のご講演でよりいっそう地震に対する認識を深くしました。

ところで、1976（昭和51）年以来、多くの人々が地震対策に取り組むようになり、また地震学も進歩し、予知に関するさまざまな技術も進歩したと思われますが、その年月を振り返って、今はどういう気持ちをお持ちでしょうか。

石橋 27年になりますから時間の経過としてはけっこう長いはずなのですが、印象としてはあっという間に過ぎた感が拭えません。

榛村 東海地震の繰り返し間隔は最長で147年ということで、1854（安政元）年の安政地震から数えて現在はそれを少し超えています。ところでご質問申し上げたいのは、この「147」という数字にどこまでこだわるかということですが……、過去に最長であった数字を超えたというこ

とに何か大きな意味はありますか。

石橋 147年が最長だというのはあくまで歴史的な事実で、息の長い地球の現象としての地震という観点ではかなり短い期間の事例にすぎないですから、あまり意味がないと思います。

榛村 土先生は今回の石橋先生のお話をうかがってどのような感想をお持ちでしょうか。

土 石橋先生が東海地震説を発表されたころ、私も前回の東海地震から考えて「そろそろ次の（東海）地震が来るのではないか」と考え、静岡県の防災地図をつくりはじめていた時期でした。ちょうどそのころに石橋先生が「明日起きてもおかしくはない」とおっしゃったので、私は「できれば長くのびたほうがいいな」と思っていたものです。

　実際、これまでの歴史を考えても、地震は起こりつづけています。それが本当に100年ごとに起こっているのか、はたまた150年ごとに起こっているのかとなると、それをピッタリあてはめるのは非常に難しい。

　ただ、ちょうど2004（平成16）年が前回の東海地震から150年目になりました。そういうときにみんなが地震について考えるようにしないと、いつまでたっても備えができないと思います。「あと30年は起きないよ」といったら「それじゃあ当分は準備しなくていいね」ということになりかねないので、その点では節目ごとに地震に対する備えを進めていったほうがいいなと、私は思いました。

■ 余震の危険性に対する意識

榛村 石橋先生は、本震があってからもさらに余震があるから想定外の被害が出たりすることがあるとご発言なさっていたように思いますが、そういう理解でよろしいですか。

石橋 あまり余震のことばかり強調されて受けとめられると少しまずいかと思いますが、多くの方が余震までは念頭にないのではないかと思い、

それで今回は少し強調しました。もちろん、本震だけでも想定外のことが起こりうることはいうまでもありません。

　現在、震災の典型のように思われている阪神・淡路大震災（兵庫県南部地震）は、地震学者も意外に思うほど余震が小さくて少なかったので、「大きな地震はああいうものだ」と思われては困ります。複数の大余震による被害の拡大や二次災害は非常に重要です。

■ 原子力発電所施設に対する地盤の隆起の影響

市民　いただいた資料では、もともと浜岡原子力発電所のある地域は過去の地震で１ｍ隆起したということですが、実際に原子力発電所が１ｍ隆起した場合の実験であるとか、あるいは津波が沖から迫ってきて取水塔や循環水ポンプなどを襲った場合の実証実験というのは、実際に行われているのでしょうか。

石橋　私の知る範囲ではないと思います。実際に実証的な実験を行うのはまず不可能だと思います。

　香川県の多度津町に世界最大規模の大型振動台があり、原子力発電所の実物大の設備・機器、大きいものなら縮小模型を載せて、激しい振動を加えて耐震性の実証試験をしているという話です。しかし、これは振動に関してのみの実験です。地盤の隆起や津波に対して実証実験を行った例を私は知りませんし、それは非常に難しいだろうと思います。

　地盤の隆起については、非常に幸運であれば、隆起したことがまったくわからないくらい広範囲が一様に上昇して、後で測量したら隆起していたということですむかもしれません。浜岡原子力発電所の敷地を含む何百倍もの広い範囲が隆起するのですから、可能性としては、それはなきにしもあらずかもしれません。しかし、隆起に伴って地盤に破壊が生じたり、「不同隆起」みたいなことが起こったりすれば、大きな影響があるでしょう。

■原子力発電所側からの情報開示の必要性

市民 数日前の新聞に、海外の学者が浜岡原子力発電所には実質的に問題があると指摘したと大きく載っておりました。

こうした問題が指摘されると、行政の対応も問われてくると思います。石橋先生のご発言に対して、当事者である中部電力は原子力発電所の安全性は確保されていると主張していますが、石橋先生のご指摘によれば、その反論にもさまざまな点において問題がある。やはりわれわれ掛川市の住民は、原子力発電所には十分に安全性を保ってもらいたいと念願していますので、行政側にもお願いしたいのは、中部電力にその点をただしてはいただけないかということです。地震の専門家の指摘にかなった対応をしてほしいと、お願いできないかと思います。

榛村 それは難しい問題ですね。私が先生のお話をうかがって思ったのは、理学の究極を極める学者の発想と、中部電力が持つ営業・事業上の発想は違うのだということです。現実の事態は地震の起こり方と運に左右されると先生はおっしゃったのですが、それでは多くの人々が安心しないから、あらゆる条件をクリアしていると中部電力は説明していると思います。しかし、学者の立場からいえば「あらゆる条件をクリアしている」「絶対に大丈夫だ」というのは理学に反することになる。私は先生のお話をうかがっていて、そういう可能性も否定できないなと思いました。

もちろん、まだまだ考えるべき課題はあると思いますが、原子力発電の危険性を指摘し、批判したりすると「反体制だ」と単純に受け取る方も大勢います。当事者が「安全だというのだから安全だ」という主張を否定するには、石橋先生のような相当の学問的力がなければ、ただ反体制のレッテルを貼られるだけになってしまいかねない。そういう難しさは多分にある。

土 石橋先生がおっしゃっていることは、専門分野から多角的にさまざまな場合を想定してのことでしょうから信頼できると思います。最近の

原子力発電所に関しては、私たちが考えもしなかったいろいろな事故が全国で発表されています。実際問題として「そんなことは起きない」といわれていた施設で事故が起きていることは、すでに皆さんご存じのことと思われます。

そういう意味では、中部電力に対してお願いしたいのは「あらゆる事態に対して安全なのだ」という説明の仕方ではなく、マグニチュードいくつに対してならどういう意味で安全なのか、これを具体的に説明していただく。あるいは「こういう事態にはこう対処しなくては」というようなことを、地域に住んでいる人の身になって考え、説明していただくことが必要なのではないかなと思います。

■ 原子力発電所に対し自治体がすべき備え

榛村 原子力発電所近郊の市長として私は何をすべきか、石橋先生ならどうアドバイスをくださいますか。

石橋 原子力の推進は国策ですから、これをすぐに停止するのは非常に難しいというのが現実です。それだけにここで強調したいのは、現実的な対策が何もなされていない、このことは大きな問題であるということです。

たとえば、かなりの放射能漏出があった場合に緊急に服用すべきものとしてヨウ素剤というのがあります。放射性ヨウ素による甲状腺ガンなどを防ぐために、被曝する前に安定なヨウ素を服用しておくというものですが、こういった住民向けのヨウ素剤の準備はどうなっているのでしょうか。

榛村 一定のところには配ってます。

石橋 そういうものが量的に十分に準備されているか確認し、もし十分でなければ増やさなければいけませんね。住民が簡単に入手できるように手段を講じるとか、あるいはいっそのこと全戸に配るといったことも

考えなければならないと思います。

　私が自治体に現実的に取り組んでいただきたいと思っているのは、原子力発電所の事故が起きるかどうかを問題にするのではなく、放射能の放出があったときにどうなるかというシミュレーション、要するに被害想定を行ってほしいということです。

　さまざまな被害想定が行われているのに、原子力発電所事故は抜けている。これは静岡県の責任が重大だと思いますが、是非現実的にきちんと算出していただきたいと思います。

榛村　さきほど述べられた、最悪の場合だったら掛川市民の半分が死んでしまうというのは少しショッキングでした。

石橋　あれは瀬尾健氏の『原発事故…その時、あなたは！』（風媒社、1995年6月）にあるシミュレーションを引用しただけなのですが、南東の風が吹いていて掛川が風下側だった場合、市民がとどまっていれば、急性障害によってそういう事態になるという推定です。

　ショッキングですが、まったく荒唐無稽でもないと思います。現実に1986（昭和61）年にはチェルノブイリ原発事故で同様のことが起こったのですから。

■合理的な議論の必要性

榛村　もう1つ、原子力発電所そのものの経年劣化に対して地震はどのくらい影響するのですか。

石橋　それは私も正確にはわかりません。一般論としては、劣化してあちこち弱くなっているのですから、新品のときより地震に弱いのは当然だと思います。

　日本の場合、非常にねじれた政治社会状況があるから合理的な議論ができないのですが、プラントのことをよくわかっている原子力発電所技術者と、彼らがわかっていない地震現象に精通している地震研究者とが

一緒になって、最悪の場合にどういうことが起こりうるのかを冷静で合理的に、しかもどちらの側に立つわけでもなくリスク評価をする必要があると思います。それができれば、経年劣化した施設のどこが具体的に弱点か、わかるでしょう。

榛村 いわゆる縦割り行政の弊害、あるいは学問と実業とが分裂、ということですね。

石橋 これは何も原子力発電所の問題に限ったことではありません。今回は触れませんでしたが、本当は超高層ビルの被害も非常に心配で、東海地震が起こった場合、震源域の真上よりも少し遠方の名古屋とか東京でたいへん気になるところです。ですが、こういったこともなかなか合理的な議論ができません。

縦割り行政の弊害もあるかもしれませんが、やはり何かをタブー視するという風潮が強く影響していると思います。原子力発電所にしても超高層ビルにしても、論じること自体がタブー視されていて、言われてみれば何となく危ないとは思いながらも放置している。日本にはそういったことが多すぎるのではないかと思います。

■地震予知は可能なのか

榛村 われわれは地震予知がされたという前提で訓練していることが多いのですが、現在の予知の水準というのはいかがなのでしょうか。

たとえば石橋先生が東海地震説を発表されたころと比べて、現在では観測網なども充実していますから、東海地震については予知の確度は相当上がっていると考えていいのでしょうか。

石橋 予知ができる方向に向かっているかと捉えるならば、むしろあまり変わっていないと思います。

もちろん東海地方の観測網は飛躍的に増えていますから、地下で本震発生に向かって不可逆的な（後戻りのできない）プロセスが始まり、そこ

からシグナルが出たとして、それをつかまえる能力が増していることは事実です。しかし、それより進歩したのは、直前予知が一筋縄ではいかないということが昔よりも具体的にわかってきたことです。そういう意味では、27年経って予知の能力が高くなったとは決していえないと思います。

ただ私の恩師も私も、1976（昭和51）年に「予知を目指しましょう」と言ったのは、「予知が可能になった」ということではなくて、「できるかもしれない可能性のあることにはとにかく挑戦しましょう」というつもりでした。できないかもしれないことには積極的に取り組まないというのは敗北主義だと思います。

私は地震予知を医療にたとえることがよくあります。今の地震予知の状況は、たとえばはじめて移植医療が行われたときに近いのではないかと思います。失敗するかもしれないが、大地震が起こりそうだとわかった以上、観測を集中してうまくデータがとれて予知ができたら、たとえば新幹線を止めることもできる。そうしたら多くの人の命を救えるのだから、挑戦しようというわけです。実際社会に適用するにあたっては、もちろんむずかしい問題がたくさんありますが。

土　予知の問題が出ましたが、御前崎の先端は過去の東南海地震の1週間前ぐらいから引込みによる沈降が隆起に転じたということで、もしかしたらそれが予知に使えるかもしれないという話がありました。以前は地盤の上下変動を測定する水準点が御前崎にありませんでしたから、水準点を何とかつくってもらいたいと思っていたところ、実際にそれができて「これで予知ができるかもしれない」といろいろな観測がなされました。ところが、今度は御前崎の毎日の上下運動は非常に大きく「これではとても予知にならない」というような出来事もありました。

ただ全体的な傾向として、御前崎の先端が地震の前になると急に隆起しはじめるというのは、過去10万年ぐらいの地質学的な動きと非常によ

く合致しています。そういう意味で、やはり東海地震のような大きな地震のときは、あの御前崎の先端は最もはっきりした兆しになるのではないか。あれを何とかして予知に結びつけられないかなと思っています。

最近は人工衛星から地殻の動きをとらえることができて、浜松あたりが東へ動いているのが認められ、すべり現象ではないかといわれています。また、御前崎の先端がどのように動くかというのも人工衛星でわかるようになりましたから、もしかしたら本当に予知ができるかもしれないと思っているんですが、そのことについて石橋先生はどのようにお考えでしょうか。

石橋 やはり基本的には非常に難しいのではないかと思います。いわゆる「スロースリップ」の考え方は1976（昭和51）年以前からあって、そういう現象で予知ができるかもしれないと考えられていたのですが、その正体はまだはっきりつかめていません。

つまり、理論的にも実験的にも研究は進んだものの、地表の観測から検出可能なデータで、たとえばマグニチュード8規模の大地震が必ず予知できるといえるようなものは、まだまだつかめていないのが現状です。だから、予知ができるという前提だけで行動するのは、やはり問題があると思います。

現在のところ、2002（平成14）年5月の中央防災会議の見直し（「東海地震対策大綱」の決定）でようやくそういう方向に公式に動きはじめたばかりですが、そういう意味では地元としても、むしろ予知ができれば儲けもの、できないかもしれないという前提で、日ごろの防災対策をなさったほうが万全ではないかと思います。

土 確かに覚悟の問題としてはそのとおりなのですが、それでも研究者としては、予知するなら東海地震が最も好適とも思えますし、何としてもこれを突破口として地震予知に先鞭をつけたいところではあるのですが……。

石橋　それはおっしゃるとおりです。最近は予知に対して研究者サイドもやや及び腰になっている面があるのですが、私はターゲットが見えてきた地震——つまり次の東海地震、東南海地震、南海地震などは、いい意味での予知の実験場だと思っています。その実験がうまくいけば実社会に役に立つという意味で、積極的に取り組むべきことだとは思っています。

　ただ、皆さんに誤解があるといけないので私の感じで申し上げますと、1週間ぐらい前に予知をするというのは最も難しいところです。というのは「地震が1週間後に起こります」と予知をするのであれば、逆に地震が起こるまでの1週間は「何も起きない」という保証が必要になります。しかし、それは不可能に近い。

　もし、地震予知ができるとすれば、やはり直前予知ということになると思います。ですがその直前予知も、30分前なのか、半日前なのか、2日前なのかという肝心なことがわからないというのが現状です。

榛村　直前予知の定義というのは、どのくらいまでを直前というんですか。

石橋　正式な定義があるかどうかは、いま私にはわかりません。今ご質問をいただいて、われわれ研究者の側でこのことに関してもきちんと定義しないと一般の方に混乱を招きかねないと思いましたが、定義できるほどにはわかっていないというのが根本ですね。

■ 東海地震と兵庫県南部地震の違い

榛村　これから来るであろう東海地震というのは、有名な兵庫県南部地震（阪神・淡路大震災）とどこがどの程度違うのかを教えていただけますか。

石橋　阪神・淡路大震災を引き起こした兵庫県南部地震との一番の違いは、要するに地下の岩石破壊の規模がまるで違います。マグニチュードでいえば1段階違いますが、これは地震波のエネルギーとしては30倍ぐらい違います。

榛村　30倍ですか。

石橋　地震波のエネルギーとしてだけです。地殻変動などの別のエネルギーもありますから、地震全体のエネルギーとしてはもっと大きいでしょう。とにかく想定される東海地震というのは、広域を巻き込むということ、それから現象的にいえば激しい揺れの時間が非常に長いのが特徴です。

　兵庫県南部地震のときには、非常に強い揺れはわずか10秒足らず、地下の岩石破壊の時間は12秒でした。たった10秒であれだけのことが起きたわけですが、今度は地下の岩石破壊が約1分、地表の揺れはそれ以上続くと考えられますから、その間にいろいろなことが起こりうる。ということは、東海地震が起これば、兵庫県南部地震におけるような被害が掛川だけでなく広範囲の多くの場所で同時に発生することになります。これが根本的に違うと思います。

地震に立ち向かう戦闘集団

榛村　最後に、地震についての知識を積んで、地震が起こったときには何かの役に立とうとしている人たちに、アドバイスというか、今後の指針とするべきことはあるでしょうか。

石橋　非常に単純なことではありますが実践的なことを申し上げますと、いざ地震が来たら、絶対にケガをしないように心がけることが肝要と思われます。地震が起きた場合、家庭であれば家族、職場であればそこの職員が災害に立ち向かう戦闘集団になるわけですが、その中の誰かがケガをしたりすると、その介抱という必要も生じて戦力が低下することになります。それで、たとえば火が消せなくなったら大変ですから、とにかくケガをしない、死なないのはもちろんですけど。そのために日ごろから周囲の安全を点検することが大切だと思います。潰れない家、燃えない町をめざすことが一番大事であることは言うまでもありません。

■『家族を守り抜く東海地震講座』——むすび

　本書は静岡県掛川市における「地震防災リーダー人材養成講座」の2年目と3年目の内容をまとめたもので、東海地震の被害想定、地層・地盤と災害、木造住宅の課題、津波対策から、地震時の応急手当とパニック対策までの多くの分野にわたり、私もお手伝いさせていただいたが、専門の先生方に御講義をいただき、市長を交えての対談や質疑も含めた多彩な内容となった。600人を超す大会場も、受講された市民の方々の地震防災に対する熱意に溢れていた。
　1854（安政元）年安政東海地震から150年が経ち、次の東海地震がいつ起こってもおかしくない今日、地震への対策を皆で何とかして一歩でも進めなければと思うこの頃である。その分だけ被害が減少するのは間違いないとは誰にもわかっている。
　この研修会の盛会裡の修了にあたり、市長をはじめ掛川市当局の周到な準備に感謝するとともに、地震防災リーダーや市民の方々が本書を手許に、率先して活躍されることを心から期待したい。
　ところで、最近までにも、2004（平成16）年9月の紀伊半島南東沖地震M7.4とその津波、同年10月の新潟県中越地震M6.8、同年12月のスマトラ沖地震とそれによるインド洋大津波が起こり、後二者では多くの人々が被災された。ここに、亡くなられた方のご冥福と、被災された方々の復興へのご活躍を心から祈りたい。
　新潟県中越地震は川口町を中心とする、活断層による直下型地震であるが、川口町では震度7、周辺では震度6、余震は4日間に体感400回以上もあって恐怖感を与えた。10年前の阪神・淡路大震災に比較して、

火災も死者も、また豪雪地帯のためか家屋倒壊も比較的少なかったとはいえ、代表的な棚田地帯で1,600か所以上の山崩れ・地すべりが発生、道路の途絶は大変であった。

避難生活は今なお続いているが、近所の人たちとの共同生活は大きな励ましになっているようである。被災直後の住民にとって最も必要なものは何だったかについては色々と報道されたが、それらは大いに参考としたい。この地域は褶（しゅう）曲した新第三紀の地層からできており、掛川地域も活断層はないとはいえ同年代の地層からできているので、東海地震の山崩れ対策には貴重な参考となる。

インド洋大津波はまれに見る巨大さであったし、タイ、スマトラの海岸は著名な観光地なので止むを得ない点も多いが、地震が起こってから津波が来るまで何もしなかったどころか、大勢が海岸で津波を眺めて被災したのは何故だろうか。この地域は日本の太平洋側と同じように、スンダ海溝があって120～140年前にも大地震と津波におそわれているが、100年以上前の出来事は誰も覚えていないのだろうか。この点は我々も他所のこととは言えない。

紀伊半島南東沖地震では、幸いにも掛川の震度は3、約70分後御前崎に50cmの津波ですんだが、揺れが小さかったためか県内全域に津波注意報が出されたのに、広報するのを見送られたり、津波のおそれがあるのに避難しない人も多かったという。

大津波が必ず来る東海地震にとって、また、中小河川のある遠州灘海岸地帯が新しい市内に含まれる新掛川市にとって特に見逃すことのできない課題である。

東海地震が起こったら、自分はまずどうするのか。今までに何を準備したのか。夜中に起こっても大丈夫か。自分の家族は守りぬけるのか。職場では自分はどうするのか。津波にはどうするのか。何でも考えてみよう。そして少しでも実行してみよう。それに、まず自分は少しでも怪

我をしないように工夫しよう。もし自分が怪我をすれば、2人以上の手助けが必要となる。

　一方、自分さえ怪我をしなければ、家族をはじめ多くの人々を助けることができる。このようなわけで、市民の皆さん1人ひとりが東海地震を乗り越えて活躍してくださることを心から願っている。

　2005（平成17）年3月

静岡大学名誉教授　土　隆一

■講演者等紹介

小澤 邦雄（おざわ くにお）
昭和19年、静岡県生まれ。昭和43年に静岡大学文理学部卒業後、昭和45年に静岡県採用。平成5年に静岡県地震対策課主幹、同7年同地震対策課課長補佐、同10年同防災局観測調査室長。同13年、同防災局防災情報室長を経て、同16年に同防災局技監。

坂本 功（さかもと いさお）
昭和18年、徳島県生まれ。昭和46年に東京大学大学院工学系研究科建築学専門課程修了後（工学博士）、同年に旧建設省建築研究所研究員へ。昭和48年東京大学助教授、平成元年同教授、同7年から東京大学大学院工学系研究科建築学専攻教授となり現職。NPO 木の建築フォラム理事長。

首藤 伸夫（しゅとう のぶお）
昭和9年、大分県生まれ。昭和32年に東京大学工学部土木工学科卒業後、旧建設省に入省し九州地方建設局に配属。昭和35年同省土木研究所研究員、昭和41年中央大学理工学部助教授、昭和46年同大教授（工学博士）。昭和52年に東北大学工学部教授、平成2年に同大災害制御研究センター教授を経て、平成10年より岩手県立大学総合政策学部総合政策学科教授となり現職。

池谷 直樹（いけがや なおき）
昭和32年、静岡県生まれ。昭和58年に金沢大学医学部医学科卒業後（医学博士）、同年に浜松医科大学医学部第一内科入局。平成6〜7年、米国ユタ大学腎臓内科研究員。同12年に静岡大学保健管理センター助教授、同16年より同大学教授・保健管理センター所長、静岡県立大学客員教授。平成11年、日本内科学会奨励賞受賞

石川 憲彦（いしかわ のりひこ）
昭和21年、兵庫県神戸市生まれ。昭和48年に東京大学医学部卒業後、昭和49年に同大助手（小児科・精神科臨床に従事）。平成6年にマルタ大学客員研究員（社会病理学研究）、平成8年より静岡大学保健管理センター助教授・教授（所長）を経て、平成16年から林試の森クリニック院長となり現職。

土 隆一（つち りゅういち）
昭和4年、台北市生まれ。昭和26年に東京大学理学部地質学科卒業後（理学博士）、同年に静岡大学助手。昭和39年に同大助教授、昭和45年に教授となり、平成4年に退官。現在、静岡大学名誉教授、IGCP（ユネスコ・国際地質学連合）国内委員会委員長、東海地震防災研究会代表世話人。

石橋 克彦（いしばし かつひこ）
昭和19年、神奈川県生まれ。昭和48年に東京大学大学院理学系研究科終了。理学博士。同大理学部助手、建設省建築研究所国際地震工学部応用地震学室長などを経て、平成8年から神戸大学都市安全研究センター教授。

榛村 純一（しんむら じゅんいち）
昭和9年、静岡県生まれ。昭和35年に早稲田大学卒業後、昭和36年に家業の林業経営。静岡県森連専務理事（現会長）、静岡県監査委員等を経て、昭和52年掛川市長（現在7期）。全国地域づくり推進協議会会長、全国生涯学習市町村協議会会長、国土審議会委員。

家族を守りぬく 東海地震講座

2005年4月5日 印刷
2005年4月20日 発行

編 著　土 隆一・榛村 純一 ⓒ

発行者　小泉 定裕

発行所　株式会社 清文社
URL http://www.skattsei.co.jp/

東京都千代田区神田司町2-8-4（吹田屋ビル）
〒101-0048 電話03（5289）9931 FAX03（5289）9917
大阪市北区天神橋2丁目北2-6（大和南森町ビル）
〒530-0041 電話06（6135）4050 FAX06（6135）4059
広島市中区銀山町2-4（高東ビル）
〒730-0022 電話082（243）5233 FAX082（243）5293

■本書の内容に関する御質問はファクシミリ（03-5289-9887）でお願いします。
■著作権法により無断複写複製は禁止されています。落丁本・乱丁本はお取り替えいたします。

亜細亜印刷㈱

ISBN 4-433-27285-X C0036〈T〉